수학 끼고 가는 서울 2 남산/창덕궁

수학 끼고 가는 서울 2 남산/창덕궁

2022년 1월 31일 제1판 제1쇄 발행

지은이 정미자
펴낸이 강봉구

펴낸곳 작은숲출판사
등록번호 제406-2013-000081호
주소 10880 경기도 파주시 신촌로 21-30(신촌동)
서울사무소 04627 서울시 중구 퇴계로 32길 34
전화 070-4067-8560
팩스 0505-499-8560

홈페이지 http://www.littleforestpublish.co.kr
이메일 littlef2010@daum.net

ISBN 979-11-6035-130-9 43410
값은 뒤표지에 있습니다.

※이 책은 2021년 중소출판사 출판콘텐츠 창작 지원 사업 선정도서입니다.

선생님과 함께 떠나는 내인생의 첫여행

수학 끼고 가는

서울

2 남산/창덕궁

정미자 지음

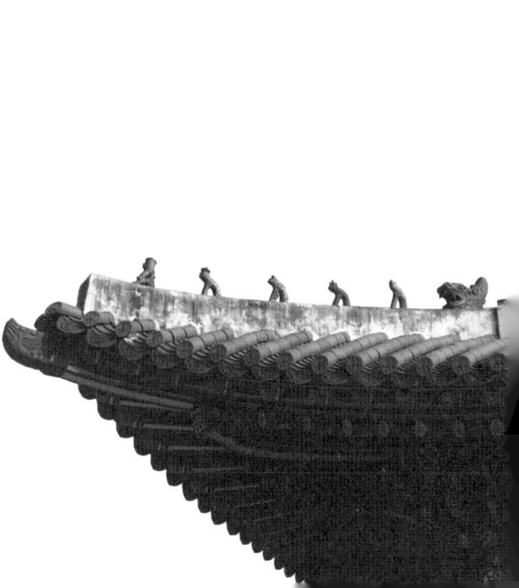

작은숲

프롤로그

수학 끼고 가는 서울?!

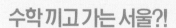

매일 걷던 길을 새삼스레 답사라는 이름을 걸고
걷는다는 것은 어떤 의미일까.
바쁜 일상 속에 그냥 휙 지나쳐버린 풍경들을
처음 보는 양 바라보고, 다시 곱씹으며 음미하는 것,
답사는 그런 일이다.

『수학 끼고 가는 이탈리아』를 낸 지 벌써 4년.
다른 나라보다 우리나라를 먼저 해야 하지 않겠냐며
'수학 끼고 가는 서울'이라고 가제부터 잡아 놓은 게 엊그제 같은데
시간은 정말 쏜살같이 흘러가 버렸다.

사실 이 책의 시작은 2012년이다.

그해, 전국수학교사모임의 '수학 끼고 가는 여행팀'에서는

수학의 눈으로 세상을 바라보는 답사여행을 기획했다.

5회에 걸쳐 남산, 한강, 월드컵공원, 북촌, 창덕궁을 다녀왔다.

늘 30명의 정원을 꽉 채운 나름 인기 프로그램이었다.

우리는 매주 한 번,

학교를 마치고 저녁 때 모여

가려는 곳에는 어떤 역사가 있는지,

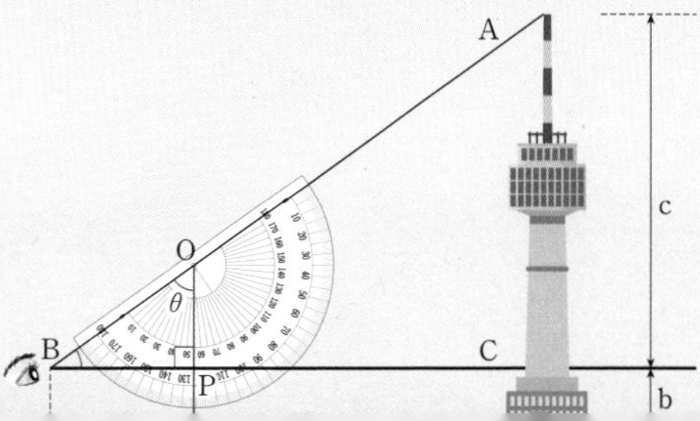

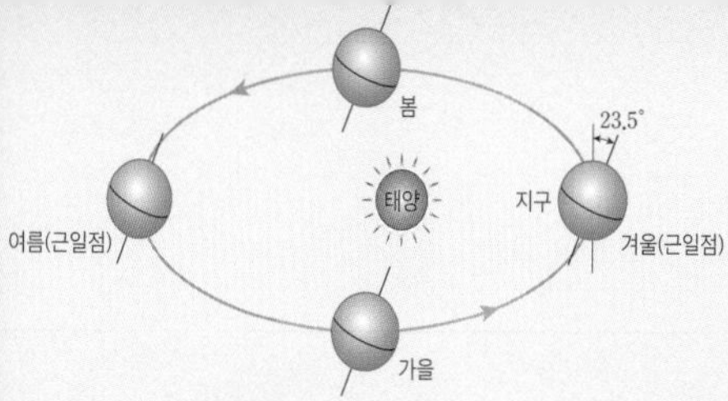

답사 코스는 어떤 순서로 짜면 좋을지,

그곳에선 무엇을 수학으로 해석하면 좋을지

흐드러진 웃음꽃 속에서 의논하고 자료를 찾고

수정하고 또 수정했다.

사람들을 이끌며 프로그램을 진행하는 일이 보람찬 일이었다면

그것을 준비하는 과정은 가슴 벅찬 즐거운 일이었다.

그 기억에 힘입어, 몇 년이 지난 지금

서울을 다시 걸어

역사와 사람과 수학을 섞은

답사 여행기를 펴낸다.

찬란한 역사에 걸맞은 풍성한 삶을 위하여.

2022년 봄

남산에서 서울을 내려다보며

Contents

프롤로그

남산

창덕궁

수학 속으로

남산

옛 분수대 광장

식물원이 있던 자리에 오르면 시야가 탁 트이며 남산 정상이 잘 보인다. 이곳에서 각도기과 탄젠트표를 이용하여 N서울타워의 높이를 구하고, 남산의 높이과 비교해 보자.

서울의 지리적 중심점 조형물

서울의 한가운데를 측정한 기념으로 세운 조형물에는 서울시의 지도가 새겨져 있다. 이 지도의 축적이 얼마나 되는지 구해 보자.

한양 도성 순성길

조선 시대 한양의 경계선이었던 도성이 복원되어 있다. 이 도성으로 둘러 쌓인 조선 시대 한양의 넓이를 주어진 지도와 픽의 정리를 이용하여 대략적으로 계산해 보자.

각자성석

한양 도성을 쌓을 때 구역을 나누어 쌓았는데 이와 관련된 내용들을 돌에 새겨 넣은 각자성석이 여러 곳에 남아 있다. 각자성석을 찾고 최소공배수 개념을 이용하여 그 구간을 쌓은 연도를 추측해 보자.

창덕궁

인정전의 앞마당

인정전 앞마당에서는 간혹 과거시험을 보기로 했다고 한다. 얼마나 많은 사람들이 앉을 수 있었을지 계산해 보자.

영화당 앞 앙부일구

앙부일구는 조선 시대에 개발한 해시계이다. 반구의 안쪽에 시침을 꽂고 그 그림자를 보고 시각과 절기까지 알 수 있는 해시계인데, 원리를 자세히 알아보자.

옥류천과 소요암

후원의 가장 깊숙한 곳에 옥류천과 소요암이 있다. 소요암에는 숙종이 지었다는 시가 새겨져 있는데 시 속에 등장한 폭포의 높이를 도량형을 이용해 계산해 보자.

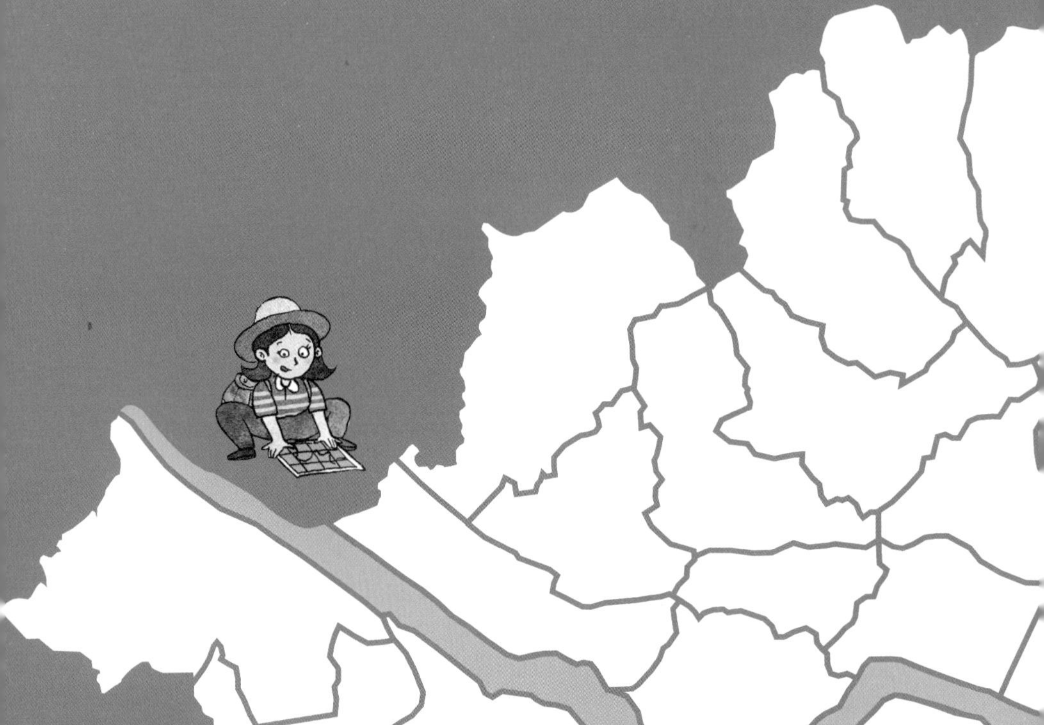

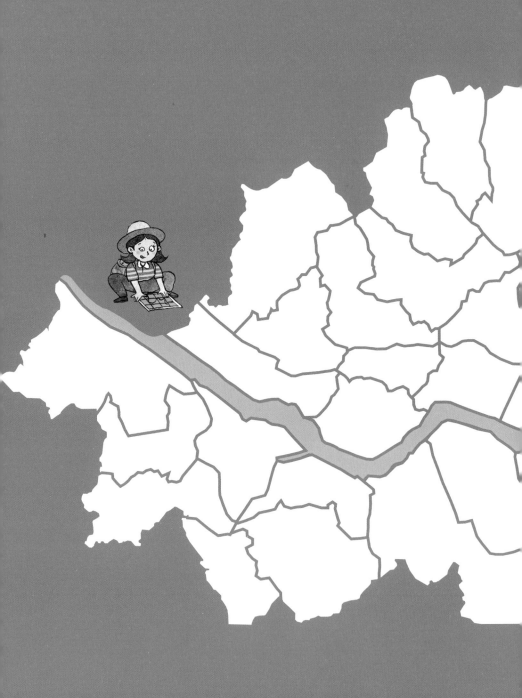

'서울' 하면 무엇이 떠오를까?
세계에서 몇 번째로 큰 복잡한 도시?
차들로 가득한 교통지옥의 도시?

오늘은 좀 다르게 보자.
오래된 역사를 잘 보존하고 있는 흔치 않은 도시!
한 걸음 내딛을 때마다 가슴 아프지만 자랑스러운 역사가 스며 있는 도시!
굴곡 많은 근현대사를 극복하고 눈부신 경제 성장과 민주화를 이루어낸 도시!

그런 도시 서울에서 두 곳을 골랐다.
정상에 오르면 서울을 조망할 수 있게 서울 중심부에 우뚝 솟은 남산.
자연과 어우러진 후원과 건축물을 품은 궁궐로 조선의 흥망을 함께한 창덕궁,
이곳들을 거닐며 역사와 문화 그리고 수학의 세계로 함께 떠나 보자.

남산

남산. 말 그대로 남쪽에 있는 산이라는 뜻인데, 서울 지도를 보면 한가운데쯤 있다. 그런데 남산이라니. 얘기는 1392년, 조선이 새출발하던 때까지 거슬러 올라간다. 태조 이성계는 고려의 수도 개성을 떠나 한양을 새로운 도읍지로 정한다. 한양은 서울의 옛 이름으로, 당시에는 경복궁 일대의 한강 북쪽 정도를 일컬었으니 지금의 서울보다 훨씬 작았다. 지금은 크게 한강을 기준으로 강남, 강북으로 나누지만, 당시에는 자연하천이었던 청계천을 중심으로 동서남북을 따졌다. 한양의 사대문인 홍인문(동대문), 일제에 의해 철거되어 지금은 터만 남은 돈의문(서대문), 숭례문(남대문), 숙정문(북대문)의 실제 위치로 짐작하자면 남산은 한양의 남쪽에 있음이 분명하다. 본래는 목멱산 혹은 인경산으로 불렸단다.

한양을 방어하기 위해 바깥으로 둘러싼 성곽으로도 확인할 수 있다. 서울의 성곽은 동쪽으로는 낙산(지금의 혜화동), 서쪽으로는 인왕산, 북쪽으로는 북악산, 남쪽으로는 남산으로 이어진다. 그 안쪽에 경복궁, 창덕궁 등 궁궐이 자리했고, 청계천의 북쪽이 북촌, 그 남쪽이자 남산의 아랫동네를 남촌이라 했다.

또, 전국 각지와 연결되는 통신망이라 할 수 있는 봉수대도 있었다. 전화나 텔레비전도 없던 시절, 낮에는 연기, 밤에는 횃불로 외적 침입 등 위급한 소식을 중앙으로 빠르게 연락했던 통신망 역할을 했던 시설이다. 여러 방향으로 오는 소식을 받기 위해 모두 5군데에 있었다는데, 지금은 복원된 봉수대가 1곳 있다.

옛 모습만 있는 건 아니다. 외국에 가면 높은 전망대에 올라 도시 전체를 내려다보듯 우리나라에 오는 외국인들도 서울을 한눈에 보기 위해 남산에 오른다. 서울 어디서나 잘 보여 랜드마크 역할을 톡톡히 하는 남산의 상징이자 지금은 N서울타워라 불리는 전망대가 있기 때문이다. 북한산, 인왕산, 관악산으로 빙 둘러싸인 서울의 모습은 물론이고 맑은 날에는 인천 앞바다도 보일 정도라 한다.

누군가에게는 낯선 서울의 전경을 조망하는 전망대로, 인생의 황혼기에 접어든 누군가에게는 케이블카 타고 신혼여행을 했던 까마득한 추억의 장소로, 사랑을 시작하는 누군가에게는 연인과의 영원한 사랑의 약속을 열쇠로라도 걸고 싶어 찾는 남산.

수학의 눈으로 보면 또 다른 것들이 보인다.

각도기를 챙겨 봄기운이 가득한 남산으로 가 보자.

남산 정상에 복원된 5개의 봉수대.

정상에 오른 시민들의 휴식처로 사랑받고 있는 남산의 팔각정.

1 남산 오르미와 케이블카

경사진 에스컬레이터를 오르내리는 직육면체 모양의 한 칸짜리 탈 것. 오르막 끝은 케이블카 입구와 연결되는데, 케이블카를 타면 바로 정상에 내려준다.

2 옛 분수대 광장

분수대가 있던 곳으로 이곳에서 올려다보는 N서울타워의 위용을 잘 느낄 수 있는 장소이다.

3 백범광장과 안중근 기념관

길을 사이에 두고 독립운동을 대표하는 백범과 안중근을 기념하는 백범광장과 안중근 기념관이 있다.

4 남산 도서관

1922년 10월 5일 명동에 경성부립도서관으로 처음 개관했다. 1964년 12월 31일 새로 지은 현재의 건물로 이전했으며, 이듬해 남산 도서관으로 이름을 바꾸었다.

5 N서울타워와 봉수대

1975년에 완공되어 지금까지 텔레비전과 라디오의 전파를 송출하는 전파탑이자 서울의 랜드마크 역할을 하고 있다. 가까운 곳에 4개의 봉수대도 있다.

6 서울의 지리적 중심점 조형물

서울의 지리적 중심을 의미하는 위치에 세운 조형물이다. 2010년 7월 23일에 설치되었다.

7 버스 주차장

남산을 누비는 버스 중에는 전기 버스가 많다. 이 주차장에서는 전기 충전을 하는 버스를 볼 수 있다.

8 각자성석을 만날 수 있는 순성길

성곽의 돌 중 공사와 관련 된 내용을 새겨 놓은 돌이 있는데, 성곽의 아래쪽을 유심히 살펴보면 곳곳에서 만날 수 있다.

남산이 높을까, N서울타워가 높을까?

봄바람 맞으며 오르는 남산,
N서울타워가 눈에 들어온다

집 근처 공원에는 이미 벚꽃이 엔딩인데, 아직 산에는 봄바람에 흩날리는 벚꽃 잎이라도 달려 있으려나? 날이 좋은 주말, 간단한 짐을 챙겨 오랜만에 남산으로 향한다. 아직 먼 산 철쭉은 이른 때라 오랜만에 명동 구경도 하고 코에 꽃향기 나는 봄바람이나 넣어 볼까 하는 핑계 삼아….

전철 안에서 봄볕 좋다며 멍하니 앉아 있다 퍼뜩 꼭 명동을 거칠 필요는 없다는 생각에 바로 남산으로 향하기로 한다. 남산 주변에 전철역이 여러 개인 만큼 남산으로 가는 방법은 많다. 일단 근처까지 가서 둘러보면 어느 방향에서든 N서울타워가 보이므로 골목으로 들어가 이리저리 오르막 쪽으로 방향을 잡아 가며 둘레길을 찾아 걸어 올라도 되고, 케이블카를 타도 좋다. 전기차인 남산 순환버스를 타면 남산 정상 근처까지 금방 데려다주기도 한다.

남산 오르미. 케이블카 승강장 입구까지 간다.

오늘은 '남산 오르미'를 타 볼 요량이다. 외국에나 있을 법한 모양의 탈 것인데다 무료라니, 조금 걸어서라도 앙증맞은 남산 오르미를 타는 맛이 나름 이색적이다. 이른 아침이라 한산해서 더 좋다. 워낙 공간이 작아 몇 명 타자 사람들로 꽉 찬다. 밖을 둘러볼 틈도 없이 금방 남산 케이블카 승강장 입구에 다다른다. 케이블카의 유혹에 넘어갈 까봐 아예 그쪽은 쳐다보지도 않고 오르막길로 걸음을 재촉한다.

남산 순환도로를 건너 드라마에 나와 유명세를 탄 꽤 긴 계단을 오르면, 예전에 분수대가 있던 곳이 나온다. 원래는 꽤 너른 터였는데, 지금은 복원 공사가 한창이라 굉장히 좁고 복잡하다. 이곳에는 한때 식물원, 분수대 등이 있었는데 '남산 제 모습 가꾸기' 사업으로 모두 철거되었다. 그 과정에서 일제 강점기 때 일제가 조성했던 조선 신궁 터와 함께 도성의 밑부분과 각종 유물들이 발견되었다. 신궁은 일본의 신을 모시는 일종의 사당으로, 식민 정책의 하나로 각 지역마다 건립하고 강제로 참배하게 했던 종교 시설이었다. 특히 남산에 있던 신사는 규모가 엄청났는데, 특히 산 중턱부터 신사를 향하는 크고 곧게 뻗은 오르막길은 달리 높은 건물이 없던 당시만 하더라도 먼 곳에서도 보일 정도였다고 한다. 그 터 위에 있던 식물원과 분수대가 철거되고 나니 땅 밑에 있던 모습이 드러난 것이다. 단계적으로 연구 및 복원 작업을 하고 있는 중이라고 한다. 주차장과 안중근 의사 기념관과 공사장이 뒤섞여 있긴 해도 이곳에 서면 N서울타워가 시원하면서 가깝게 눈에 들어온다.

한숨 돌릴 겸 서서 올려다보니 N서울타워가 꽤나 높아 보인다. 남산이 높을까, N서울타워가 높을까? 궁금한 김에 직접 알아볼까?

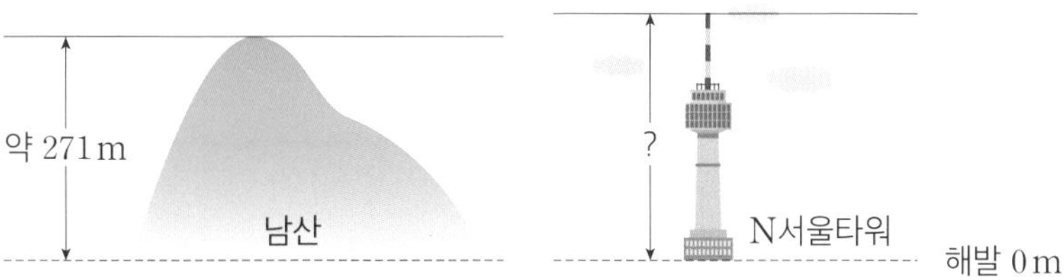

높이의 기준점은 바닷물의 평균 높이

남산과 N서울타워의 높이를 비교하려면 각각의 해발을 알아야 한다. 요즘은 해발을 바로 알려 주는 어플리케이션이 있는데, 확인해 보니 대략 138m라는 숫자가 뜬다. 이 숫자는 해발, 즉 '해수면을 기준 0으로 삼았을 때의 높이'이다.

해수면이란 일반적으로 바다의 표면을 뜻하지만, 측지학적으로는 바다의 평균적인 높이인 '평균 해수면'을 말한다. 그런데 바닷물의 높이는 바람, 물결, 조수 간만에 따라 수시로

변하지 않을까? 어떻게 평균 해수면을 정하는 걸까? 이렇게 시시각각 변하는 해수면의 평균값을 정하기 위해 먼저 바다의 어느 한 지점(수준 기점)을 정하고, 그 지점에서 일정 기간 관측해야 한다. 이렇게 관측한 바닷물 높이의 평균값으로 평균 해수면을 정하게 된다.

세계 각국은 나름대로 수준 기점과 그 점에서의 측정 결과를 바탕으로 평균 해수면을 정하여 사용하고 있다. 우리나라는 인천 앞바다의 평균 해수면을 해발 0m로 하고 있다. 1913년부터 1916년(이 기간은 일제 강점기에 속한다)까지 2년 7개월간 해수면 높이 변화의 평균을 내어 얻은 결과를 바탕으로 한 값이다. 이렇게 얻은 평균 해수면 값을 산, 건물 등 여러 높이나 위치를 측정하는 측량에 이용하기 위해 육지에 수준 원점을 나타내는 표지석을 세웠다.

우리나라의 수준 원점을 나타내는 표지석은 1917년 인천 중구 항동 1가 23번지에 처음 설치되었다. 이 표지석은 전쟁, 화재 등을 겪으면서 없어지게 되었는데, 국토지리정보원에서 1963년 12월에 인하공업전문대학(인하대학교 옆)에 다시 설치하여 지금에 이르고 있다. 원기둥 모양의 붉은 벽돌 건물 안에 육면체의 표지석이 놓여 있는데, 자수정 판에 +로 음각한 수준 원점 표시가 있고 그곳이 해발 26.6871m라고 적

수준 원점을 보호하고 있는 원기둥 모양의 건물 안에 수준 원점을 나타내는 표지석이 있다. 밖에서도 볼 수 있으며, 큰 화살표에 그 끝이 가리키는 지점이 '인천 앞바다의 평균 해수면으로부터 이 눈금까지의 높이값 26.6871m'라고 적혀 있다.

수준 원점 바로 앞에 설치된 1등 보조점.

혀 있다. 물론 밖에서도 볼 수 있다. 이 수준 원점이 우리나라의 모든 높이를 측량하는 기준이 된다.

초기에는 과다한 이용으로 한때 몸살을 앓기도 했단다. 고도계를 구입한 측량사들이 꼭 이곳에 들러 정확한 해발을 맞추었기 때문이다. 이에 국토지리정보원은 이 건물 주변에 수준 원점 보조점을 설치하여, 측량용은 이 보조점을 이용하도록 유도했다고 한다.

한편 제주도, 울릉도, 독도에도 각각의 수준 원점이 따로 설치되어 있다. 제주도 수준 원점은 제주항의 평균 해수면을 기준 0m로 삼고 있으며, 해발 11.1319m를 나타내는 표식이 제주목 관아(관덕정) 안에 설치되어 있다. 울릉도 수준 원점은 저동항의 평균 해수면을 기준으로 삼고 있다. 이 수준 원점들은 그 지역 바다의 특성을 연구하여 그 지역의 측량에 반영하기 위한 것이라고 한다. 한편 독도의 수준 원점은 독도가 우리나라 영토임을 분명히 한다는 목적이 더 크다고 한다.

높이의 기준이 되는 수준 원점 외에도 국가에서 정하여 관

수원에 위치한 국토지리원 안에 국가에서 관리하는 여러 기준점들의 모형과 각 기준점들에 대한 설명이 전시되어 있다. 사진은 위성 기준점인데, 안내문에 따르면 전국 각지에 40km 간격마다 설치되어 있어 위치 정보를 제공하는 데 활용하고 있다고 한다. 또 이 위성 기준점들의 상대적 위치 변화를 관찰하여 지진 등으로 인한 한반도의 지각 변동을 감지하는 데도 활용된다고 한다.

리하는 측량 관련 기준은 여러 가지이다. 우리나라에서는 국토지리정보원에서 측량에 필요한 여러 기준들을 정하고 그 기준에 따라 표석을 세우거나 관리하는 등의 일을 담당한다. 국가가 정한 측량의 여러 기준을 국가 기준점이라고 하는데, 우리나라 위치의 기준이 되는 경위도 원점(측지 원점), 높이

보라매공원 안에 설치된 통합 기준점. 이 지점의 위도, 경도, 해발이 표시되어 있다. 삼각점과 수준 원점의 역할을 함께 하고 있는 셈이다.

의 기준이 되는 수준 원점과 수준점, 각 지역의 위치나 거리의 기준이 되는 삼각점 등이 대표적이며, 그 외에도 절대 중력 원점, 중력 기준점, GPS 기준점, 통합 기준점 등 10여 가지가 있다.

측량의 주요 기준도 시대에 따라 변하는데, 예전에는 삼각점과 수준점을 가장 중요하게 생각했다. 삼각점들은 멀리서도 잘 보여야 하므로 대부분 산 정상에 설치되었다고 한다. 등산을 하다 보면 가끔 돌로 된 삼각점 표지석을 만날 수 있는데, 크기는 그리 크지 않다. 돌기둥 윗면에 + 표시가 되어 있다.

요즘은 전지구적 기준을 적용하는 GPS 기준점으로 수정, 통합되는 추세인데, GPS 측량 기술이 발달하면서 측량에 사용되는 기준점들이 점차 평지로 내려오게 되었다. 인공위성의 신호를 수신하여 측량하기 때문에 굳이 높은 곳에 있을 필요가 없고, 오히려 신호 수신에 방해되는 구조물이 없는 넓은 곳이 안성맞춤이란다. 그래서 요즘은 평평하고 넓은 공원이나 광장 등에 설치되는 경우가 많으며 국가 주요 시설이라고 표시되어 있다.

탄젠트를 이용하여 높이 측정하기

이제 남산과 N서울타워의 높이를 서로 비교해 보자. 지금이야 인터넷으로 검색만 하면 각각의 높이를 알 수 있지만, 예전에는 각도기와 탄젠트 값을 적어 놓은 표를 이용하였다. 그 방법을 이용하는 과정과 원리를 알아보자. 먼저 높이를 측

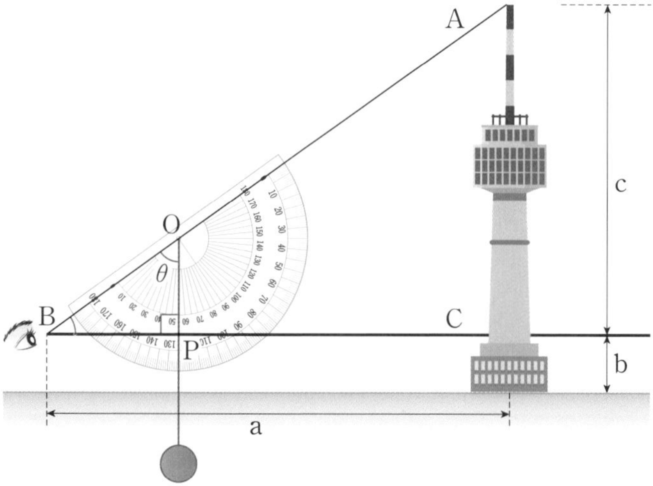

정하기 위해서는 중심에 구멍이 뚫린 각도기와 굵은 실, 그리고 실 끝에 매달 수 있는 약간 무게가 나가는 물건이 필요하다.

각도기는 그림과 같이 각도기의 중심에 구멍을 뚫어 실을 끼우고, 실 끝에 물체를 매달아 아래쪽으로 늘어뜨려 사용한다. 실 끝에 매달 물체의 무게는 실이 똑바로 아래로 늘어질 정도면 충분하다. 이렇게 만든 각도기로 N서울타워의 꼭대기와 측정하는 사람이 바라보는 각도 θ를 알아낼 수 있는데, 이 각도를 알면 높이를 계산할 수 있다.

먼저 눈의 위치를 나타내는 점 B, 각도기의 중심을 나타내는 점 O, 건물 꼭대기를 나타내는 점 A가 일직선상에 놓이도록 한다. 그리고 각도기의 중심을 나타내는 점 O에서 늘

어뜨린 실과 $\overline{OB}$가 이루는 각, θ의 크기를 측정한다. 그러면 $\angle OBP=90^\circ-\theta$이므로 직각삼각형의 성질에 따라 측정하는 사람의 눈높이와 건물의 꼭대기가 이루는 $\angle OBP$의 크기를 계산할 수 있다. 삼각형 OBP와 삼각형 ABC는 닮았으므로 대응하는 세 변의 길이의 비는 일정하다.

따라서, 삼각비의 정의에 따라

$\tan(\angle OBP)=\tan(\angle ABC)=\frac{c}{a}$이고,

$c=a\times\tan(\angle OBP)$이다.

$\tan(\angle OBP)$의 값은 이미 탄젠트 값을 계산해 놓은 표나 스마트폰의 계산기를 이용하여 구할 수 있다.

$\therefore$ 건물의 높이$=b+c=b+a\times\tan(\angle OBP)$

수학속으로 1 남산과 N서울타워 중 어느 쪽이 더 높을까?

남산공원 분수대가 있던 곳의 해발은 약 138m, N서울타워까지의 지도상 거리는 약 635m이다. 남산의 해발이 약 271m일 때, N서울타워의 해발을 계산해 보자.

준비물 : 각도기, 실, 실에 매달 물건, 계산기

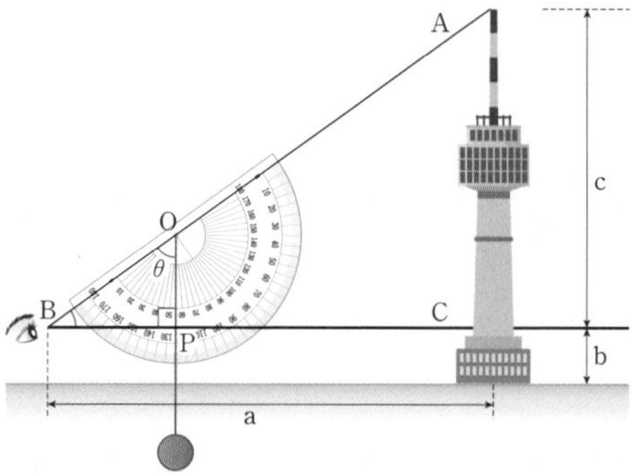

방법

① 각도기의 중심에 구멍을 뚫고 실을 끼운다.

② 실 끝에 필기구와 같이 무게가 어느 정도 나가는 물체를 매달아 실이 아래쪽으로 팽팽하게 늘어지도록 한다.

③ 그림과 같이 N서울타워의 끝을 바라보며 각도를 측정한다. 이때, $(90^\circ-\theta)$가 눈으로 N서울타워 꼭대기를 바라보는 각도이다.

④ 탄젠트 표 또는 공학용 계산기를 이용하여 $(90^\circ-\theta)$의 탄젠트

값을 구하고, 이 값을 이용하여 N서울타워 꼭대기의 해발을 계산한다.

⑤ N서울타워 꼭대기의 해발에서 남산의 해발을 빼어 N서울타워의 높이를 구한 후, 두 값을 비교한다.

실제로 측정한 결과를 이용하여 구한 N서울타워의 높이는 다음과 같다.

Angle	tan(a)	Angle	tan(a)
0.0	0.00	25.0	.4663
1.0	.0175	26.0	.4877
2.0	.0349	27.0	.5095
3.0	.0524	28.0	.5317
4.0	.0699	29.0	.5543
5.0	.0875	30.0	.5773
6.0	.1051	31.0	.6009
7.0	.1228	32.0	.6249
8.0	.1405	33.0	.6494
9.0	.1584	34.0	.6745
10.0	.1763	35.0	.7002
11.0	.1944	36.0	.7285
12.0	.2126	37.0	.7535
13.0	.2309	38.0	.7813
14.0	.2493	39.0	.8098
15.0	.2679	40.0	.8391
16.0	.2857	41.0	.8693
17.0	.3057	42.0	.9004
18.0	.3249	43.0	.9325
19.0	.3443	44.0	.9657
20.0	.3640	45.0	.1000
21.0	.3839		
22.0	.4040		
23.0	.4245		
24.0	.4452		

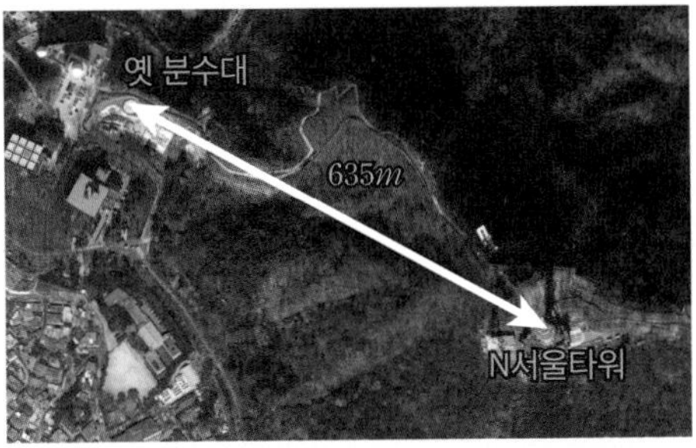

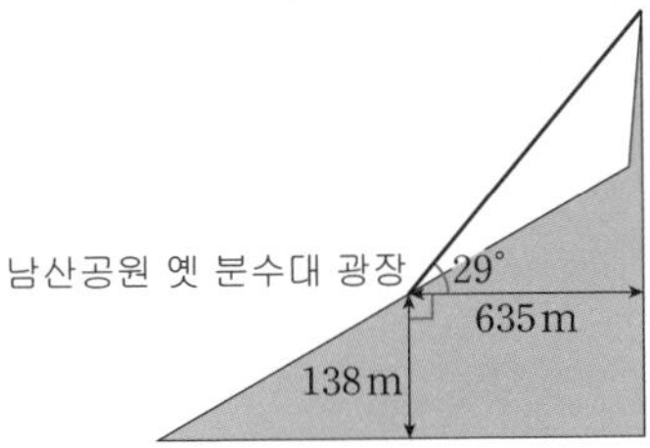

$$635 \times (\tan 29^\circ) \fallingdotseq 349$$

$$349 + 138 = 487(\mathrm{m})$$

$$\therefore\ 487 - 271 = 216(\mathrm{m})$$

즉, 각도기로 직접 측정한 N서울타워의 해발의 근삿값은 약 216m이다. 남산의 해발이 약 271m라고 하니 N서울타워보다 남산이 조금 더 높다는 것도 알 수 있다.

실제 N서울타워의 높이는 236.7m라고 한다. 실제 측정값과 20m정도 차이가 난다. 그 이유는 뭘까?

먼저 측정의 오차를 이유로 들 수 있다. 각도기에 실을 매달고 눈으로 N서울타워를 바라보았을 때 눈, 각도기의 선, N서울타워의 꼭대기가 일직선상에 놓이도록 하는 것, 게다가 그때의 각도를 정확하게 측정하는 것이 만만치 않다. 그리고 탄젠트 값을 적어 놓은 표를 잘 살펴보면 각도가 10° 이상만 되어도, 탄젠트 값의 간격이 매우 커지기 때문에, 측정한 각도가 1°만 커지거나 작아져도 탄젠트 값에 많은 영향을 준다는 것을 알 수 있다. 따라서 좀 더 정확한 측정값을 얻으려면 2명 이상이 협동하여 활동하는 것이 좋다. 한 사람은 각도기를 조작하고, 또 다른 사람은 옆에서 각도 θ를 읽는다면 측정값의 정확도를 조금 더 높일 수 있다.

또 다른 이유로 N서울타워의 위치가 남산에서 가장 높은 곳에 위치하지 않을 수 있다는 점을 생각해 볼 수 있다. 실제로 N서울타워 꼭대기의 해발은 약 480m라고 한다. 그런데 남산의 해발은 270.85m, N서울타워의 해발은 236.7m이므로

$$270.85+236.7=507.55>480$$

임을 알 수 있다. N서울타워는 남산의 정상보다 약간 낮은 곳에 세

워져 있다는 의미이다.

각도기를 이용한 간단한 측정으로 남산과 N서울타워의 해발을 비교할 수 있다는 것이 이 활동의 가치가 아닐까. 실제 탄젠트를 이용하여 높이를 구하는 문제는 수학 교과서에 자주 등장하지만, 현실에서 문제를 푸는 것과 똑같은 방식으로 실제 높이를 구하는 체험을 하기란 흔치 않다. 그러다 보니 문제 자체를 이해하지 못하는 학생들도 많다. 측정 도구가 변변치 않았던 옛사람들도 이와 똑같은 방법으로 거리나 높이를 측정했었다. 오랜 시간이 흘러도 수학적 원리는 변함없으니 수학만이 갖는 매력이 이런 것 아닐까?

서울의 지리적 중심점

불빛 색깔로 미세 먼지의 농도를 알려 주는 N서울타워

한숨도 돌리고 N서울타워도 실컷 올려다봤으니 이제 정상을 향해 볼까. 안중근 기념관 앞을 지나면 오른쪽으로 남산 도서관이 보이는데, 이 삼거리에서 맨 왼쪽 오르막을 택한다. 이 길은 가파르지만 계단이 아니라 좋고 왼쪽으로는 이제 막 연두색을 내뿜는 봄의 숲, 오른쪽으로는 벚나무 기둥 사이사이로 간간히 서울의 풍광을 내려다보며 걸을 수 있어 좋다.

뺨을 스치는 봄바람과 오각형 모양으로 핀 벚꽃 잎 사이사이

남산 오르막길에서 벚꽃 사이로 보이는 서울의 풍광.

로 내달리는 햇빛에 온몸을 맞기며 숨 가쁘게 오르다 보면 웅성거리는 사람들 소리가 들린다. 남산 버스 주차장인데, 오르막이 끝나고 큰길이 나온다. 버스에서 내린 사람들과 뒤섞여 왼쪽 길로 접어들면 N서울타워며 팔각정이 저 앞에 보인다.

그런데 주변 말소리가 참 낯설다. 여기가 우리나라인가 둘러보는데, 아니나 다를까 삼삼오오 외국인들이 가득하다. 사

N서울타워(위)와 소원을 적어 매달아 놓은 열쇠 뭉치들.

진을 찍으며 즐거운 표정으로 웃고 떠드는 그들 속에서 오히려 내가 외국인이 된 것 같은 이 기분은 뭐지? 묘하면서도 다른 나라의 어느 곳에 여행 온 듯 뭐 그런 기분이다. 그들과 뒤섞여 정상으로 향한다.

남산 정상에서는 굳이 N서울타워 전망대를 오르지 않아도 주변의 팔각정, 봉수대 등을 차례로 휘돌다 보면, 어느 정도 서울 전경을 조망할 수 있다. 이런저런 조형물이며 연인들이 걸어 놓은 알록달록한 열쇠 뭉치들도 빼곡하게 매달려 있다. 다리도 쉴 겸 전망 좋은 카페를 찾아 서울 도심을 내려다보며 차와 함께 휴식 한 잔을 마신다. 오늘은 그런대로 시야가 좋다.

이렇게 남산에 올라 시원한 전망을 볼 수 있는 날이 얼마나 될까? 요즘은 미세 먼지다 코로나19다 해서 마스크가 필수가 되어 버리지 않았던가. 물론 서울 어디에서든지 N서울타워가 보였는데, 이제는 잘 보이지 않는 날도 있다. 그래서 N서울타워의 불빛으로 미세 먼지의 농도를 알려 주기도 한다. 파랑색은 '좋음', 초록색은 '보통', 노랑색은 '나쁨', 빨강색은 '매우 나쁨'을 나타낸다고 한다.

GPS 측량으로 알아낸 현재 서울의 지리적 중심점

휴식으로 여유를 찾았다면 이제 N서울타워의 맞은편 부근에 있는 '서울의 중심점'을 나타내는 조형물을 찾아보자. 검은색 테두리의 원 안에 서울 지도가 새겨져 있고, 남산 위치에는 무릎 높이 정도의 원기둥 모양 검은색 돌이 놓여 있어 쉽게 찾을 수 있다. 원기둥 위에는 반짝이는 금속이 얹혀 있고, 한가운데 + 표시와 함께 바로 이 조형물 위치의 위도와 경도가 새겨져 있다.

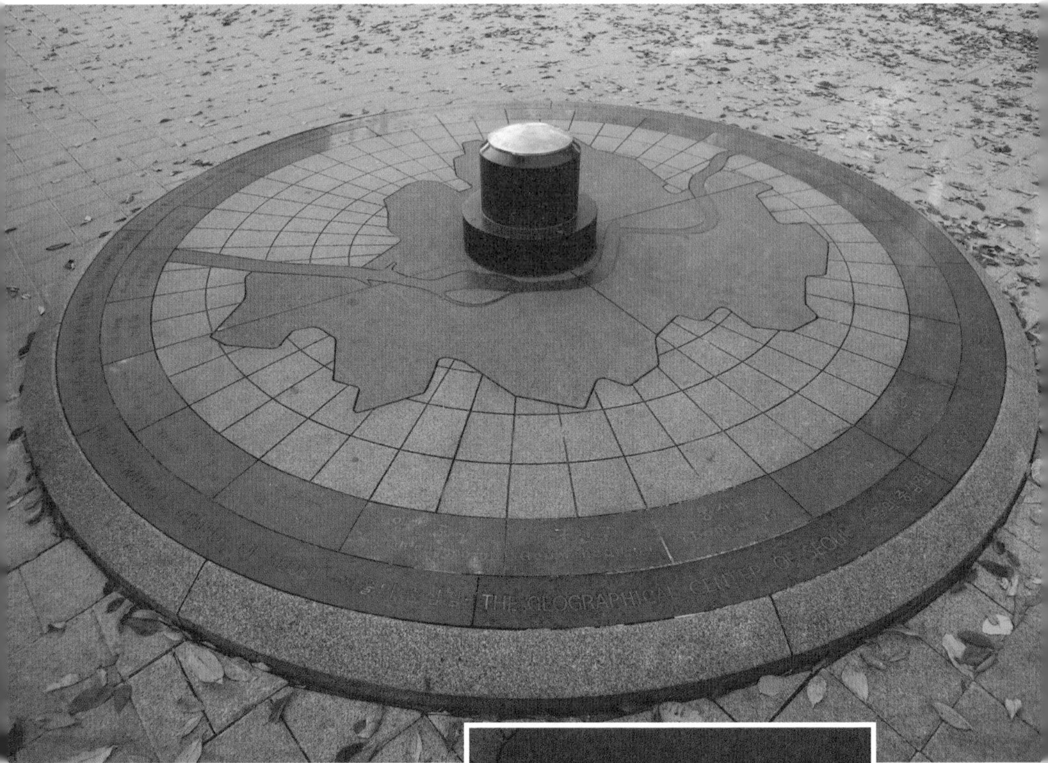

이 표지는 우리나라의 지리적 위치 결정을 위한 측량의 출발점인 대한민국 최초의 경위도 원점이었던 곳에 설치된 것으로, 국가 기준점(서울25 삼각점)과 지적 삼각점으로서 측지와 지적 측량에 쓰인다.

이것은 이 지점이 서울의 지리적 중심점임을 알리는 조형물로, 안내표지판에는 2010년 7월 23일에 설치되었다는 내용과 더불어 다음과 같은 설명이 적혀 있다.

위치 : 서울특별시 중구 예장동 산5-6
좌표 : 위도 37° 33′ 06.6″　경도 : 126° 59′ 19.6″　높이 : 267m

안내판과 조형물의 금속판에 적힌 위도와 경도를 번갈아 보며 숫자를 비교해 보니 딱 맞는다. 그럼 이 조형물이 있는 점이 서울의 지리적 중심점이란 말일까? 지리적 중심점이란 또 무엇일까?

서울의 지리적 중심점은 말 그대로 서울이라는 지역의 한가운데 위치라는 뜻이다. 원래는 종로구 인사동 하나로 빌딩 지하에 있었다고 하는데, 1896년 서울의 한복판이라는 의미로 표지석을 세운 것이라고 한다. 실제 측량을 하여 서울의 지리적 중심점을 정했다는 근거는 없단다.

서울은 비교적 짧은 시간에 경제 발전과 그로 인한 급격한 인구 증가를 겪게 되는데, 이로 인해 행정 구역 범위가 계속 확장되어 왔다. 1973년에 지금과 같은 행정 구역 경계선이 확정되었으며, 여러 자치구들이 신설되어 1995년 이후로 25개

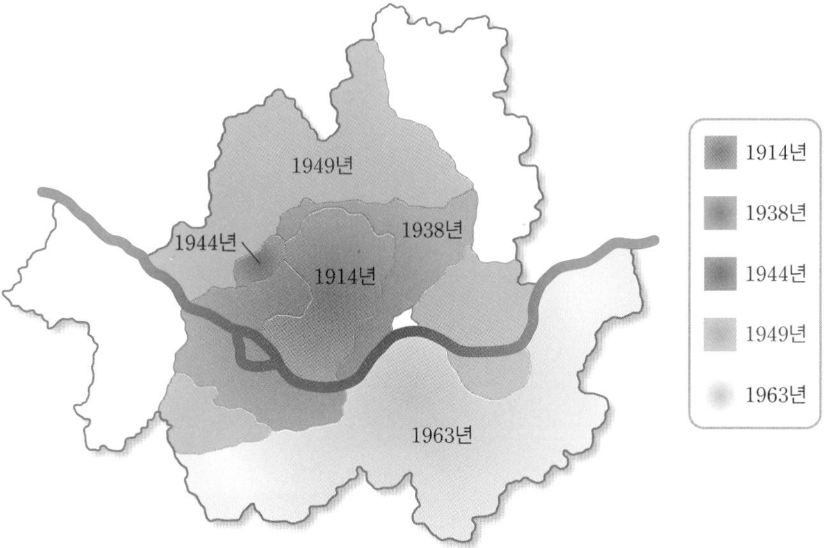

1973년의 서울

1995년의 서울

의 자치구로 나뉜 현재의 모습을 갖추게 되었다고 한다.

이런 변화가 있었기에 서울시에서는 2008년부터 현재 서울 지역을 근거로 한 서울의 지리적 중심점을 밝히기 위한 연구와 측량에 나섰다. 먼저 현재 서울의 행정 구역 경계선의 정확한 좌표들을 얻은 후, 이를 근거로 GPS 측량을 거쳐 서울의 지리적 중심점의 위치가 위도 37° 33′ 06.890″, 경도 126°

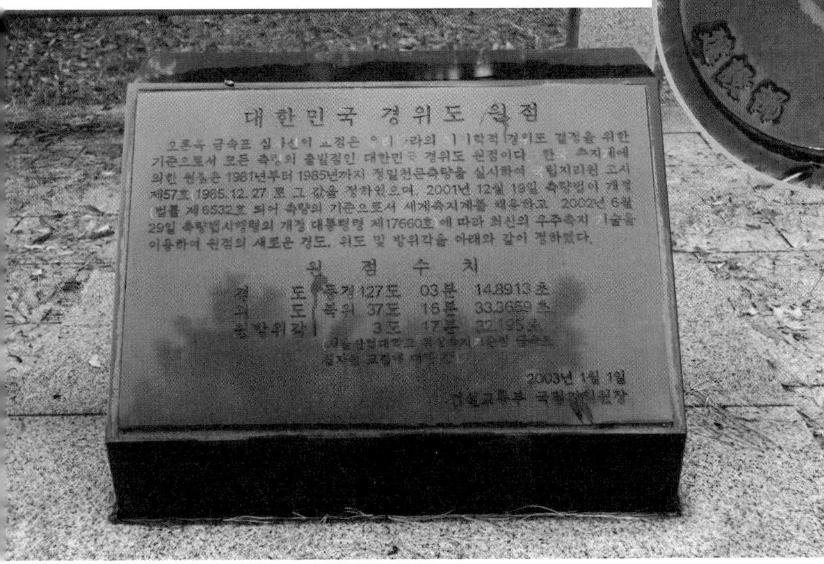

수원 국토지리정보원에 있는 우리나라 경위도 원점.

59′ 30.664″라고 발표하였다. 현재 조형물이 설치된 곳으로부터 동쪽 방향으로 조금 아래쪽 산 중턱이 바로 그 지점이다. 이를 나타내기 위해 원래 남산 정상 공터에 크게 세워져 있던 2등 삼각점과 통합하여 현재의 조형물을 만들었다고 한다.

그래서 금속판에 표시된 위도와 경도는 서울의 실제 중심점과 약간 차이가 난다. 이 조형물에 적힌 위도와 경도는 조형물이 설치된 바로 그 지점의 위치를 나타내는 값이기 때문이다. 이 조형물 위에 금속판이 있기는 하지만 GPS 수신 기능은 없다고 한다.

그럼 여기 있던 경위도 원점은 어떻게 되었을까? 수원에 위치한 국토정보지리원에 가면 김정호 동상 뒤쪽 언덕에 우리나라 경위도 원점이 있다. 국토정보지리원이 수원으로 옮겨가면서 새로이 측정한 값을 대한민국의 경위도 원점으로 삼았다고 한다. 대한민국 경위도 원점의 위도, 경도, 원방위각이 적혀 있으며 모든 측량의 출발점이 된다고 적혀 있다.

서울시 지도의 축적은 어느 정도 될까?

좀 더 자세히 조형물을 살펴본다. 원판 위에 서울시 지도가 새겨져 있고 원기둥 모양의 돌기둥이 한가운데 위치해 있어서 그런지 이 조형물의 위치가 정말 서울시의 중심처럼 보인다.

원판에 새겨진 서울시 지도는 실제보다 얼마나 작을지 궁금해진다. 아쉽게도 이 지도에는 축척이 적혀 있지 않다. 하지만 서울시의 실제 넓이와 원판에 새겨진 서울시 지도의 넓이를 비교하여 축척을 알아낼 수 있다.

그렇다면 원판 위에 새겨진 서울시 지도의 넓이는 어떻게 구할 수 있을까? 실제 지도의 모양은 들쭉날쭉 복잡해서 정확한 넓이를 구하기는 매우 어렵고 복잡하다. 이때 멋진 수학적 아이디어를 떠올려 보자. 우리가 손쉽게 넓이를 계산할 수 있는 도형 중, 지도의 모양과 가장 비슷한 모양의 도형을 떠올리는 방법이 그것이다.

강원도 지도로 예를 들어보자. 강원도 지도는 언뜻 보기에 직사각형과 비슷해 보인다. 그렇다면 이 지도의 넓이는 빨간색 직사각형의 넓이 $4 \times 6 = 24(cm^2)$와 비슷하다고 추론할 수 있다. 그런데 강원도의 실제 넓이는 약 $16{,}873.6(km^2)$이라고

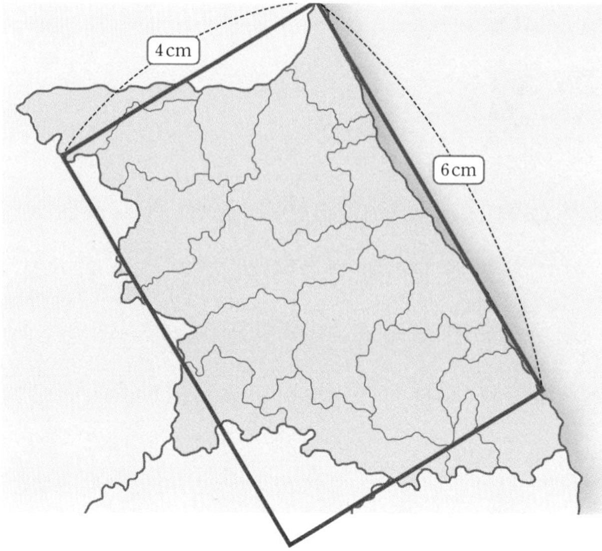

하니, 아래와 같이 넓이의 비를 계산하고 서로 비교하여 위 지도의 실제 넓이를 구할 수 있다.

먼저 계산 단위가 다르니 모두 cm^2로 통일시켜 비교한다. 강원도의 실제 넓이는 $16{,}873.6(km^2)=16{,}873.6\times10^6(m^2)=16{,}873.6\times10^6\times10^4(cm^2)$이므로 넓이의 비는 $16{,}873.6\times10^{10}:24 \fallingdotseq 703\times10^{10}:1$이다. 그런데 강원도의 실제 모양과 지도의 모양은 닮은 도형이고, 축척은 길이의 비를 나타낸다. 닮은 도형의 성질에 따라 넓이의 비는 길이의 비의 제곱에 비례하므로, 길이의 비는 거꾸로 넓이의 비의 제곱근과 비례한다. 즉, $\sqrt{703 \times 10^{10}} \fallingdotseq 26.5 \times 10^{5} = 2{,}650{,}000$이므로 이 강원도 지도의 축척은 1 : 2,650,000임을 알 수 있다. 지도에서 1cm로 표시된 두 지점의 실제 거리는 2,650,000(cm)=26.5(km)라는 의미이다.

서울시의 실제 넓이가 605.252km^2라 하니, 서울의 중심점을 나타내는 조형물 아래 원판에 새겨진 서울시 지도의 실제 넓이를 구할 수 있다면, 이 지도의 축척도 구할 수 있다.

수학속으로 2 서울시 지도의 축척은 얼마일까?

남산에 설치된 서울의 지리적 중심점 조형물 바닥에는 바깥쪽으로 25개 자치구의 이름이, 가운데에는 서울시의 지도가 새겨져 있다. 서울시의 실제 넓이는 605.252(km^2)인데, 이 지도의 넓이는 얼마일지 대략적인 값을 구해 보자.

먼저 이 서울시 지도와 비슷한 넓이를 갖되 비교적 손쉽게 넓이를 구할 수 있는 여러 도형의 모양을 생각할 수 있다. 사각형, 삼각형, 반지름과 중심각이 각각 다른 부채꼴 여러 개의 합 등 다양한 방법으로 접근할 수 있다.

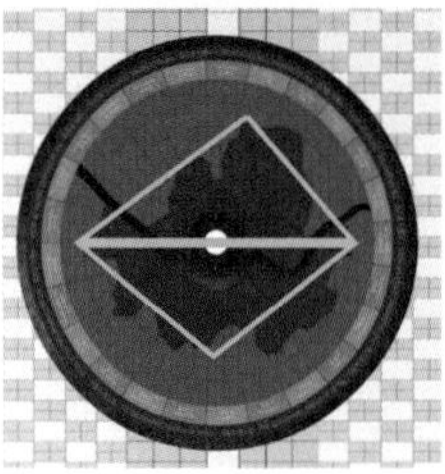
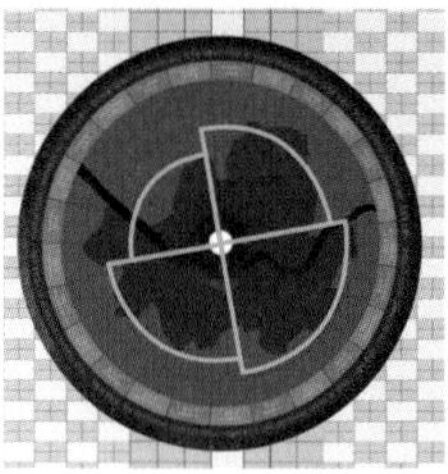
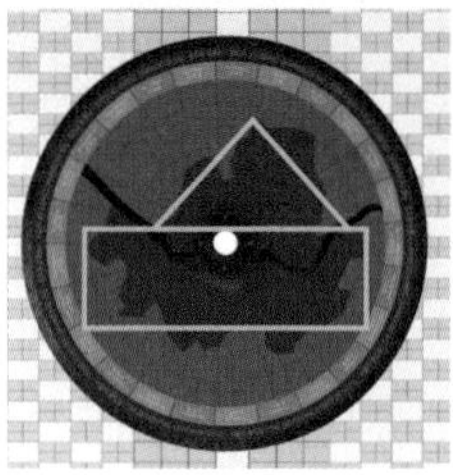

서울의 중심점 조형물에는 동심원이 여러 개 그려져 있으므로 원을 활용하는 방법이 가장 손쉽다. 아래와 같은 순서로 서울시 지도의 축척의 근삿값을 구할 수 있다.

(1) 서울의 지리적 중심점을 원의 중심으로 보고 서울시 지도의 넓이와 가장 가깝다고 생각되는 원을 찾는다. 오른쪽에서 대략 노

란색 원을 생각할 수 있다.

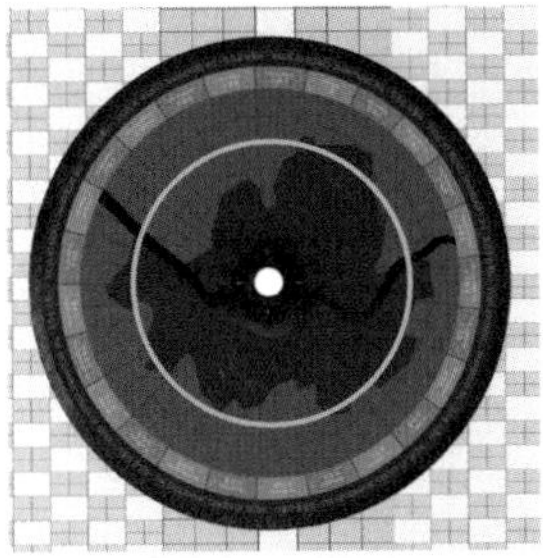

(2) 노란색 원의 반지름의 길이를 측정하면 약 76cm이다. 이 길이는 각자 가지고 있는 물건(용지, 신발, 손, 기타 길이를 알고 있는 물건들 등)을 이용하여 근삿값을 구할 수 있다.

(3) 실제 서울시의 넓이 605.252(km^2)와 같은 넓이를 갖는 원을 생각하고($S=\pi\gamma^2$), 그 원의 반지름의 길이를 구하면 13.88(km)이다.

(4) 이로부터 아래와 같은 계산으로 조형물 바닥에 새겨진 서울 지도의 축척이 대략 1:18,263임을 알 수 있다.

$$13.88(\text{km}):76(\text{cm})=1{,}388{,}000(\text{cm}):76(\text{cm})=18{,}263:1$$

실제로 오른쪽 서울시 지도에서 관악구의 남쪽 끝인 녹색 점과 도봉구와 강북구가 만나는 녹색 점이 원 위에 오도록 중심을 찾아 원을 그리면, 서울시의 실제 넓이와 근사한 넓이를 갖는 원을 찾을 수 있다.

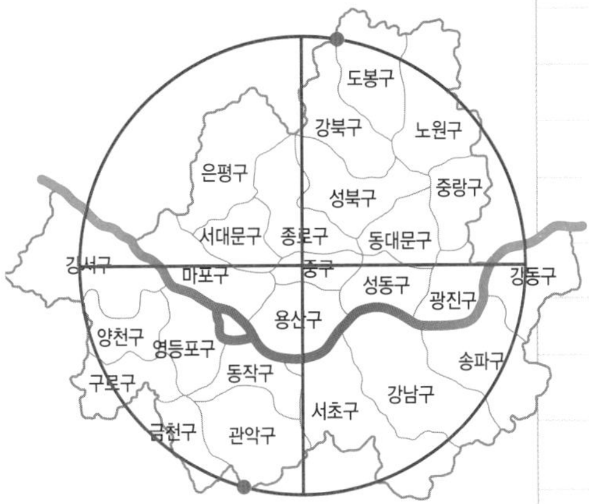

어쨌거나 사람들은 이 조형물에 별 관심이 없어 보인다. 오히려 근처 그늘진 빈 의자에 관심이 더 많다고나 할까. 남산 정상에 올라 이리저리 거닐며 바람이 좋네, 봄볕이 따습네, 벚꽃이 한창이네 하면서도 정작 한때 우리나라 위치의 기준점이었음을 기념하는 이곳에 대한 안내문조차 읽어 보는 사람이 없다니. 영어로도 적혀 있는데 내국인, 외국인 할 것 없이 서울 전경만 둘러보고는 휙 하니 남산을 내려가 버린다.

하기야 지리적 중심점이 우리에게 큰 의미가 있는 건 아닐지도 모른다. 서울이라는 도시의 전체적인 모양을 살펴보면 울퉁불퉁한 모양이고, 그러니 지리적으로 정확한 중심을 찾는다는 것 역시 별 의미가 없을지도 모르겠다. 자신이 살고 있는 곳이 서울의 중심이라고 생각할 수도 있고, 광화문 광장을 서울의 중심이라고 생각할 수도 있을 것이다. 누군가는 서울의 정치 1번지를 중구라고 하는가 하면 누군가는 서울 경제의 중심은 강남이요, 교육의 중심을 대치동이라고 할지도 모르겠다. 다 나름의 중심점이 다르지 않을까?

그렇다 하더라도 지도나 내비게이션으로 목적지를 찾아가는 일부터 비행기가 이착륙을 하는 일에 이르기까지 크고 작은 여러 일들이 이런 기준점들을 결정, 관리, 연구하여 좀 더 정확한 값을 알아내고 생활에 필요한 만큼 반영하고자 한 노

력의 산물이고, 수학이 그 노력을 뒷받침하고 있다는 사실을 이 조형물을 통해 한 번쯤은 생각하면 좋으련만…. 존재조차 있는지 없는지도 모르고 오가는 사람들 모습을 한참 바라보다 자리에서 일어난다. 빈자리에 눈독 들이는 사람들이 많기도 하거니와 해가 지기 전에 서울 한양 도성 순성길의 각자성석을 보려면 이쯤에서 일어나야 한다.

서울 한양 도성으로 둘러싸인 넓이

성곽을 따라 걸으며
도성 안팎의 풍광을 감상하는
'한양 도성 순성길'

올라왔던 방향으로 발길을 되돌린다. 다시 버스 주차장을 지나 곧장 내려가다 이번에는 왼쪽 숲길로 들어선다. 여기부터 '한양 도성 순성길'이라는 안내판을 따라 장충동 쪽으로 방향을 잡아야 한다. 이 길은 도성 옆에 난 길로, 이 길을 따라가면 한양 도성을 끼고 돌며 풍광을 즐길 수 있다.

조선 시대에 성곽을 따라 걸으며 도성 안팎의 풍광을 감상하는 것을 '순성'이라고 하였다는데, 봄과 여름이면 해가 떠서 질 때까지 놀이 삼아 순성하기도 했단다. 벚꽃도 폈겠다 순성 놀이하는 기분이 절로 난다. 얼마간 성벽과 이별하여 연두색 새싹이 막 돋아난 숲만 보이더니 저 앞으로 다시 성곽이 모습을 드러낸다.

나무로 된 계단을 통해 쉼터에 오른다. 발 아래 나무판 밑으로 성곽이 지나간다. 계단에 올라 둘러보니 도성이 구불구불, 저 아래 국립극장 근처까지 이어진 것이 말 그대로 한양의 경

'한양 도성 순성길'에 자리한 쉼터.

계였다는 것이 실감난다. 그러니까 조선 시대에는 이 도성이 한양의 경계로 곳곳에 난 문을 통해야만 성 안으로 들어갈 수 있었단 말이다.

한양의 경계에 도성을 쌓다

한양은 조선의 수도였고 지금까지도 우리나라의 수도이다. 조선을 세운 태조 이성계는 고려의 수도였던 개경을 벗어나 한양으로 수도를 옮긴다. 수도는 다른 도시와 달리 임금이 머무는 곳이자 한 나라의 중심이라는 상징적 의미가 있다. 그러니 임금이 머물며 국가의 일을 보는 궁궐이 필요하다. 경복궁이 지어진 이유다. 또 조상을 모시고 땅의 신과 곡식의 신에게 제사를 지내는 공간인 종묘와 사직단도 있어야 한다. 지금도 서울의 한복판에 경복궁, 종묘와 땅의 신과 곡식의 신에게 제사를 지내는 사직단이 건재하다. 이제 한양의 경계에 성을 쌓아 안팎을 구분하여 수도임을 분명히 하고, 수도를 지키게 하는 일이 마무리되면 한양 천도가 완성된다.

서울 한양 도성은 1395년(태조 4년)에 '도성조축도감'이라는 관청을 세워 조사와 측량을 시작하고 이듬해인 1396년 1월부터 쌓기 시작했는데, 1398년 2월 숭례문(남대문)이 완공되면서 마무리되었다. 전국에서 장정 약 12만 명이 동원되었고, 농사로 바쁜 기간을 피해 겨울에 진행했다. 기록에 따르면 한양 도성의 길이는 9,767보步 남짓이었는데, 97개 구간으로 나눈 후 천, 지, 현, 황과 같이 천자문 글자 순으로 이름을

한양의 경계를 이루는 한양 도성.

복원된 이간수문. 뒤쪽으로 동대문 상가 빌딩이 보인다.

붙여 각 지역별로 축성 구역을 할당했다고 한다. 드나들 수 있는 문도 설치했는데, 흥인문(동대문이라고도 한다), 돈의문(현재는 터만 남아 있다), 숭례문(남대문이라고도 하는데 최근 방화로 모두 불탄 후 복원되었다), 숙정문을 두었다. 특히 숙정문은 북한산 쪽 험준한 산악 지역에 낸 문이라 다른 문과 달리 실질적인 출입의 기능보다는 가뭄이 들 때는 열고 비가 내리면 닫는 의식적인 기능을 했다고 한다. 4대문 사이사이에

4소문(홍화문, 광희문, 소의문현재 터만 남아 있다, 창의문을 말한다)도 이때 완성되었다.

흥인문과 광희문 사이에 수문도 만들었다. 당시 도성 한가운데를 흐르던 자연 하천, 청계천이 도성 밖으로 흘러 나갈 수 있도록 '오간수문'을 설치했다. 물이 흘러 나가는 구멍이 5개 였는데 청계천을 복원하면서 그 터가 발굴되었으나 제 위치에 복원되지 못하고 청계천 옆에 일종의 조형물을 만들어 오간수문이 있었음을 알려 주고 있다.

바로 옆에는 남산에서 흘러오는 물이 빠져나가는 '이간수

이간수문으로 내려가 볼 수 있고, 근처에는 도성을 지키는 방어 수단 중 하나인 치성도 복원되어 있다.

문’도 있었다. 동대문운동장을 허물고 그 자리에 동대문디자인플라자를 짓는 과정에서 터가 발굴되어 일대에 도성과 함께 복원되어 있다.

한양 도성은 평지엔 흙을, 산엔 돌을 쌓았는데 전체의 $\frac{2}{3}$가 흙으로 쌓은 토성이었다고 한다. 그러니 얼마 지나지 않아 여기저기 무너진 곳이 생겨 시시때때로 보수를 하였는데, 세종 때1422년에 모두 돌로 다시 쌓았다고 한다. 임진왜란과 병자호란을 거치는 동안 무너진 성벽은 숙종 때1704년 이르러 대대적으로 정비되었고, 구한말까지 거의 원형을 유지하다가 일제강점기를 거치면서 심하게 훼손된다. 평지 쪽은 전차나 도로를 놓기 위해 성벽이 철거되어 아예 사라지거나 다른 곳으로 옮겨지는 경우가 허다했다. 그 과정에서 성벽을 이루던 돌들이 주택의 축대나 다른 건물을 짓는 데 사용되기도 했다. 그나마 산지 쪽에는 원형이 보존된 곳이 많다는 것이 다행이랄까.

1970년대 이후로 복원 사업이 활기차게 진행되고 있는데 많이 늦은 건 아닌지…. 긴 세월 동안 무너진 곳, 사라진 곳도 많고 곳곳에 건물이나 도로가 차지한 곳도 많다.

동대문 주변 도로 바닥에 서울 한양 도성이라는 표시가 선명하다. 예전에 도성이 있던 자리라는 표시이다. 이렇게 현재 도로로 사용되거나 건물이 들어서 도성을 복원하기가 불가능한 곳에는 바닥에나마 그 흔적을 표시해 두었다. 또 도성이 끊긴 곳 근처 벽이나 바닥에는 '한양 도성 순성길'이라는 표시도 해 두었다. 순성을 할 때 이 표시를 알아 두면 도성과 그 흔적을 따라갈 수 있다.

한양 도성의 길이와 도성으로 둘러싸인 넓이

저 아래에서 성벽을 거슬러 잔잔한 바람이 분다. 연두색 새순으로 파릇한 숲에 듬성듬성 벚꽃이 보이고, 발밑으로 길게 이어진 도성은 한참을 내려가다 숲 속으로 모습을 감춘다. 남산 자락을 지나면 이 도성은 도심을 통과하는데, 그 흔적이 사라졌다 나타났다를 반복하며 흥인문(동대문)과 낙산을 거쳐 북한산 자락으로 이어지게 된다. 600년 넘는 서울의 역사만큼이나 끈질기게 생명을 이어 왔다고나 할까. 어떤 구간은 과거 어느 시점에서 사라졌고, 또 어떤 구간은 현재에 묻혀 있고, 또 어떤 구간은 다른 곳으로 마구 옮겨져 현재와 뒤섞여 있더라도 그 흔적은 남아 오늘날 서울의 한 모습을 이루고 있다.

이 도성이 처음 완성되었을 때 태조 이성계는 어떤 기분이었을까? 이렇게 오랫동안 남을 것이라 상상이나 했을까? 공사 기간에 중간중간 직접 도성을 돌아보며 상황을 점검했을 정도였다니 얼마나 관심이 많았는지 알 수 있다. 도성이 완성되면서 한양 천도가 마무리되는 모습을 지켜보는 감흥이 남다르지 않았을까?

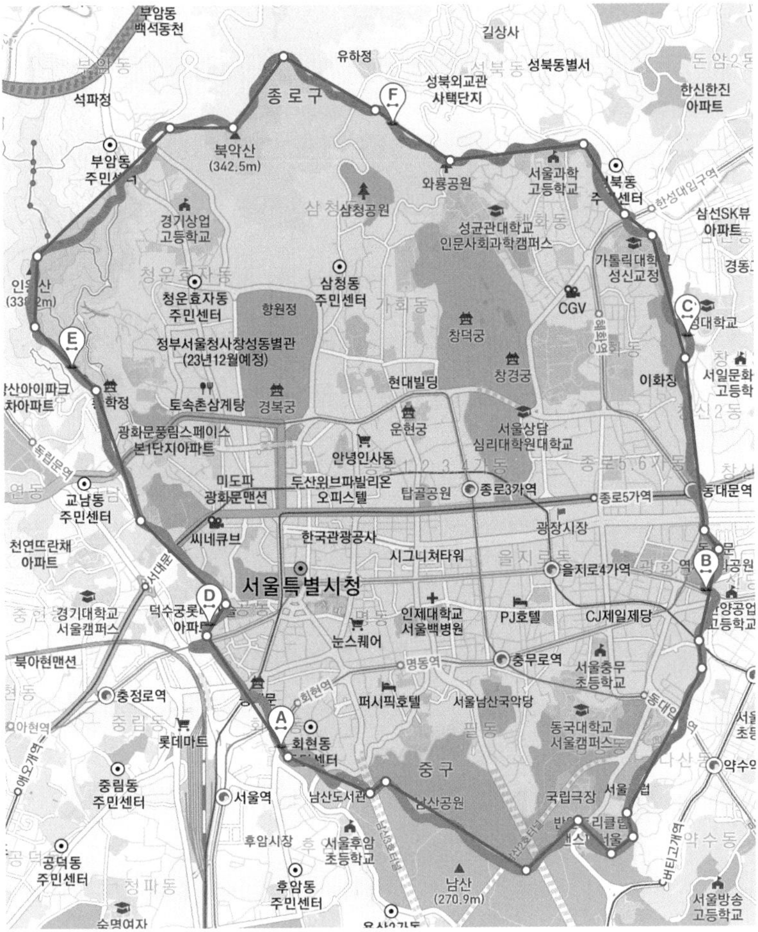

인터넷 지도에서는 다각형을 그리면 그 넓이를 계산해 주는 서비스를 제공한다.
서울 한양 도성과 가장 근사한 다각형을 그려 그 넓이를 알아볼 수 있다.

문득 한양 도성의 전체 길이가 얼마나 되는지 궁금해진다. 당시 기록에는 9,767보步 남짓인데, 1보는 6자(또는 척尺)라고

되어 있다. 얼마나 되는 길이인지 미터법으로 고쳐 보자.

당시 조선은 측정 기준으로 중국 도량형을 받아들여 사용했는데, 사실 그 이전과 이후에도 그러했다. 세종 때 우리 실정에 맞는 기준, '황종척'을 공표하기도 했지만 대개 중국의 그것을 사용했다. 조선 시대에 한 자는 시기별로 조금씩 차이는 있지만 대략 28~33 cm 정도였고, 조선 초기에는 약32.21 cm였다고 한다. 따라서 한양 도성의 길이는 대략 $9{,}767(\text{보}) \times 6(\text{자}) \times 32.21(\text{cm}) \fallingdotseq 1{,}887{,}570(\text{cm}) = 18.876(\text{km})$임을 알 수 있다. 현재 복원된 한양 도성의 길이가 대략 18.627 km라고 하니 계산상 조선 시대와 별 차이는 없다.

그럼 한양 도성으로 둘러싸인 영역의 넓이는 얼마나 될까? 이 넓이가 당시 한양의 넓이이기도 하니, 넓이를 알아낸다면 지금 서울이 얼마나 커졌는지 가늠해 볼 수 있지 않을까? 인터넷으로 지도를 찾아 '한양 도성길'을 검색하면 지도 위로 도성 모양의 굵은 선이 표시되는데, 타원 모양에 가까운 단일 폐곡선이다. 이렇게 곡선으로 둘러싸인 도형의 넓이는 어떻게 구할 수 있을까?

먼저 생각해 볼 수 있는 방법은 한양 도성의 모양과 비슷한 다각형을 그리는 것이다. 실제로 다각형을 그리면 그 넓이를 계산해 주는 인터넷 서비스가 제공된다. 실제로 다각형을 그리니 그 넓이가 16.37 km^2 정도 된다고 한다. 이 정도면 근삿값으로 충분하지 않을까?

점의 개수를 세어 다각형의 넓이 구하기

다른 방법으로 픽(Pick)의 정리를 활용하는 것을 생각해 볼 수 있다. 픽의 정리란 꼭짓점이 격자점에 놓여 있는 다각형의 넓이를 점의 개수를 세어 구하는 방법이다. 그림과 같이 꼭짓점이 격자점 위에 놓여 있는 다각형의 넓이(P)는 다음과 같이 구할 수 있다.

(1) 다각형 내부에 놓인 점(빨간색)의 개수를 센다. ($i=7$)

(2) 다각형의 변과 꼭짓점에 놓인 점(연두색)의 개수를 센다. ($b=8$)

(3) 다각형의 넓이 $P=i+\frac{b}{2}-1$이다.

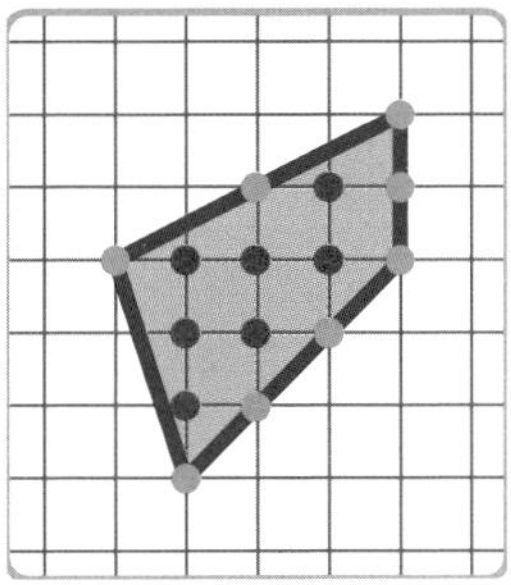

즉 오른쪽 도형의 넓이 $P=7+\frac{8}{2}-1=10$이다.

정말 이 도형의 넓이가 10일까? 실제로 그림과 같이 두 개의 삼각형으로 나누어 넓이를 구해 보면 10이 됨을 알 수 있다.

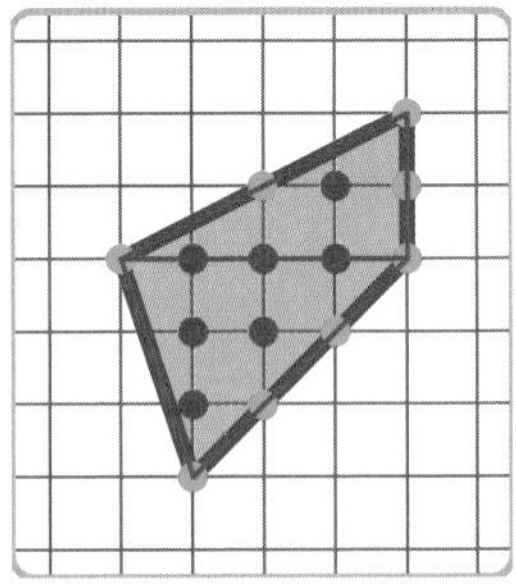

$$P=\left(4\times2\times\frac{1}{2}\right)+\left(4\times3\times\frac{1}{2}\right)=10$$

이 방법은 도형의 넓이를 구하는 방법을 몰라도 점의 개수를 헤아려 간단한 계산을 하면 넓이를 구할 수 있다는 점에서 상당히 흥미롭다. 대신 모든 꼭짓점이 격자점 위에 있는 다각형에 한해서만 사용할 수 있는 방법이라는 점도 명심해야 한다.

(1) 픽의 정리 이용

$i=9,\ b=15$

$\therefore\ P=9+\frac{15}{2}-1=15.5$

(2) 사각형과 삼각형으로 쪼개기

$P=S+R+Q$

$=3\times4+1\times1\times\frac{1}{2}\times3\times2\times\frac{1}{2}$

$=15.5$

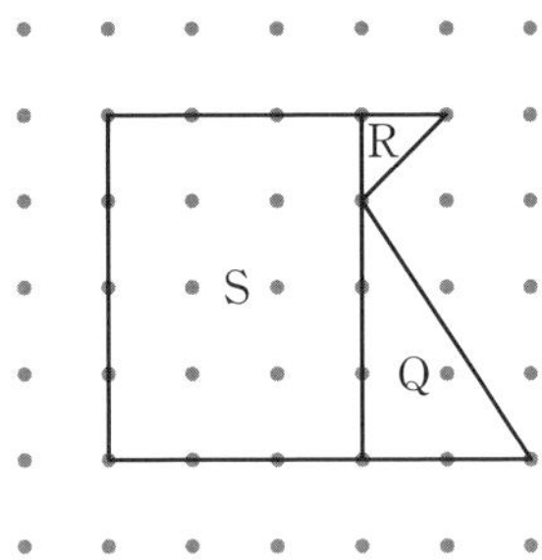

픽의 정리를 이용하여 구한 넓이와 사각형과 삼각형으로 각각 쪼개어 합한 넓이는 같다.

이 방법을 응용하여 한양 도성으로 둘러싸인 도형의 넓이를 구해 보자. 우선 한양 도성 모양은 꼭짓점이 격자점 위에 있는 다각형은 아니다. 따라서 픽의 정리를 그대로 적용할 수는 없다. 다만 격자점이 찍힌 평면 위에 한양 도성 모양을 놓고 안쪽, 바깥쪽, 경계에 있는 점의 개수를 세어 각각의 넓이의 비를 구할 수 있다. 한양 도성의 지도를 격자점 위에 놓으면 [지도 1]과 같다.

우선 [지도1]에서 직사각형 모양의 도형을 만들고 제공되는 넓이를 읽는다. 이때 모양은 직사각형이면서 넓이를 나타내는 수가 간단해지도록 도형의 모양을 잘 잡는다. 약 30.17(km^2)이다. 이제 적당한 간격의 격자점이 찍힌 종이 위에 지도를 놓고 아래와 같이 격자점의 개수를 세어 넓이를 나타낼 수 있다.

직사각형 내부에 놓인 점(빨간색)의 개수 : $8 \times 10 = 80$

직사각형 경계에 놓인 점(검은색)의 개수 : $10 \times 4 = 40$

따라서 픽의 정리에 따라 직사각형의 넓이는

$8 \times 10 + \frac{10 \times 4}{2} - 1 = 99$로 나타낼 수 있다. 즉 실제 직사각형의 넓이는 30.17(km^2)이지만 격자점 위에 직사각형을 올려놓고 픽의 정리를 이용하여 나타낸 넓이는 99이라는 뜻이다.

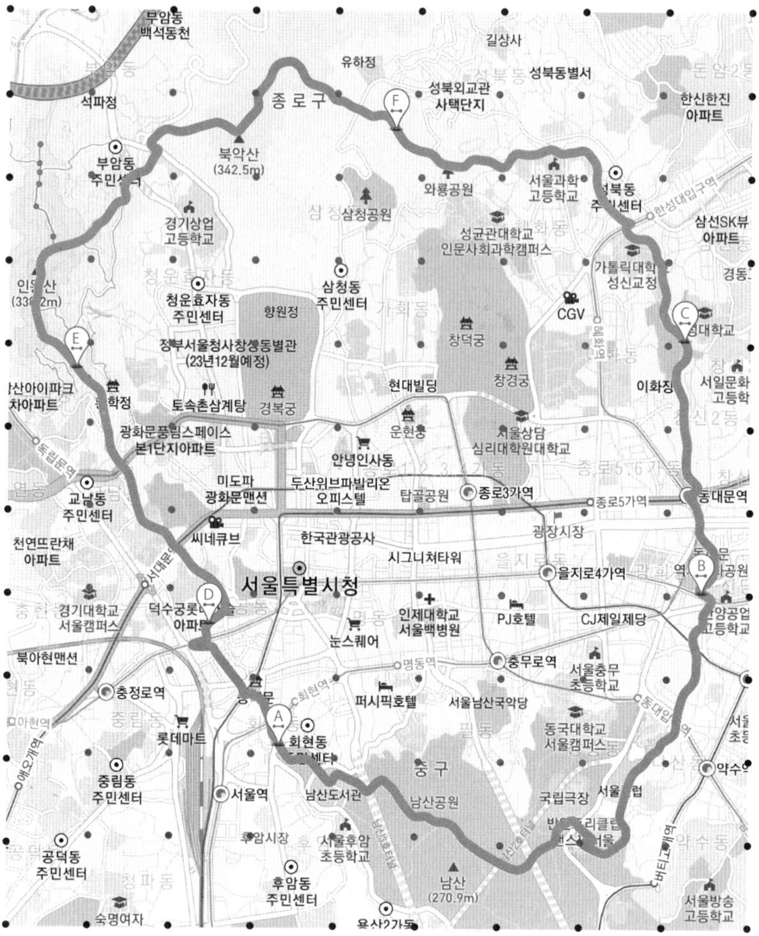

[지도1] 한양 도성의 지도에 위와 같이 격자를 찍고, 도성 내에 있는 격자를 연결해 직사각형을 만든 다음, 픽의 정리를 이용하여 도성의 넓이를 구할 수 있다.

그렇다면 한양 도성으로 둘러싸인 도형의 넓이는 어떻게 구할 수 있을까? 이 도형은 직사각형 안에 있다. 따라서 직사각형의 안쪽에 있으면서 한양 도성으로 둘러싸인 도형의 안쪽, 바깥쪽, 경계에 있는 격자점의 개수를 헤아린 후 픽의 정리와 비례식을 이용하면 어떨까?

수학속으로 3

'픽의 정리'를 이용하여 한양의 넓이를 구해 볼까?

다음은 서울 한양 도성길 지도를 격자점 위에 올려 놓은 것이다. 바깥쪽 직사각형의 넓이가 약 30.17km^{2}일 때, 한양 도성으로 둘러싸인 넓이를 구해 보자.

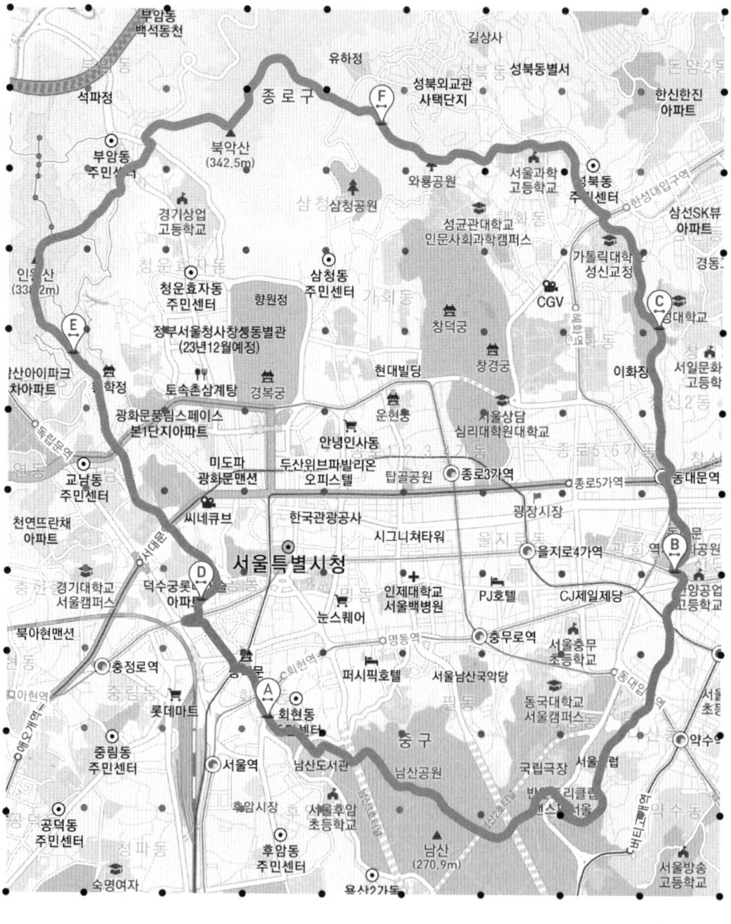

픽의 정리를 이용하여 바깥쪽 직사각형은 101로 나타낼 수 있다는 사실은 이미 알고 있다. 이제 격자점 위에 놓은 지도를 꼼꼼히 살펴본다. 한양 도성(도형 A)으로 둘러싸인 곳의 내부와 경계에 놓인 점을 구분해야 하기 때문이다.

하지만 아무리 잘 살펴보아도 각 점들이 도형 A의 안쪽인지 경계에 있는지 구분하기 어려운 경우가 꽤 눈에 띈다. 원래부터 이 도형은 다각형도 아닐 뿐더러 모든 꼭짓점이 격자점 위에 있지 않았으므로 픽의 정리를 적용할 수 없기 때문이다. 따라서 경계에 매우 가까운 점들은 경계에 있는 점으로 헤아리도록 하자. 도형 A는 직사각형 안에 속한 도형이므로 도형 A의 내부에 있는 점, 직사각형의 내부에 있으면서 도형 A의 외부에 있는 점의 개수를 각각 헤아리면 경계에 있는 점의 개수를 따로 헤아리지 않고 결정할 수 있다.

직사각형 내부에 놓인 모든 점의 개수 : $8\times10=80$

도형 A 내부에 놓인 점(빨간색)의 개수 : 48

직사각형 내부이면서 도형 A 외부에 놓인 점(파란색)의 개수 : 24

도형 A의 경계에 놓인 점(까만색)의 개수 : $80-48-24=8$

따라서 도형 A의 넓이는 $48+\frac{8}{2}-1=51$로 나타낼 수 있다.

이제 한양 도성으로 둘러싸인 영역의 실제 넓이를 아래와 같이 비례식으로 구할 수 있다.

$30.17 : (\text{도형 A의 넓이}) = 101 : 51$

$\therefore (\text{도형 A의 넓이}) = 30.17 \times \frac{51}{101} = 15.23(km^2)$

이만하면 얼추 계산한 값 치고는 16.37 km^2과 꽤 비슷하다. 오차가 생긴 이유는 바깥쪽 테두리에 찍힌 점의 개수를 반영하지 않아 파란색 점으로 나타낸 영역의 넓이가 적게 반영되었기 때문에 생긴 것으로 볼 수 있다.

좀 더 정확한 값을 얻으려면 어떻게 하면 좋을까? 격자점의 개수를 늘리면 된다. 점의 간격이 좀 더 촘촘해지면 각 점이 속한 곳을 판단하기 더 쉬워지고 따라서 더 정확한 근삿값을 얻을 수 있다.

이렇게 구한 값은 조선 시대 한양의 대략적인 넓이로 볼 수 있다. 현재 서울의 넓이가 약 605.2(km^2)이라고 하니, $\frac{605.2}{16.37} \fallingdotseq 37$로 계산하면 대략 37배 정도 넓어졌다는 사실도 알 수 있다.

그렇다면 인구는 어떨까? 15세기 초 한양과 그 근방의 인구가 대략 10만 명 정도였다고 하는데, 현재 서울에는 알다시피 천만 명 정도의 사람들이 살고 있다. 100배다! 넓이는 37배가 늘었는데 인구는 100배가 늘었다니 이걸 어떻게 설명해야 할까? 하기야 길거리마다 즐비한 고층 빌딩과 빽빽한 아파트 숲들을 보고 있자면 그보다 더 늘었다 해도 놀랍지 않을 듯하다. 우리나라 인구의 $\frac{1}{5}$ 정도가 서울에 살고, 경기도를 포함한 수도권에는 $\frac{1}{2}$에 가까운 사람들이 모여 산다. 그 어느 나라보다 빠르게 산업화를 이루는 과정에서 도시화도 그만큼 빠르게 진행되었고 수도권에 다양한 산업들이 집중되면서 사람들도 도시로 서울로 모여들게 된 것이다. 오늘날 서울은 그 결과인 셈이다.

그나마 큰 강이 흐르고 남산처럼 군데군데 산들이 서울의 풍광을 지키고 있어 다행이 아닐지….

서울 한양 도성의 각자성석에 새겨진 연도

한양 도성 축성의 역사를 알려 주는 '각자성석'

이제 계단을 내려가 장충동 쪽으로 난 순성길을 따라 가려는데, 도성을 쌓은 시기에 따라 돌의 모양이며 쌓은 방법이 어떻게 다른지를 적어 놓은 안내판이 눈에 띈다. 그러고 보니 쌓은 돌의 모양이 구간마다 조금 다른 것이 눈에 들어온다. 아는 만큼 보인다는 게 이런 건가.

태조 때엔 자연석을 거칠게 다듬어 사용했고, 세종 때는 성벽 아래는 크고 긴 돌을 제 모양 그대로, 위쪽은 옥수수알 모

축성시기에 따른 형태
Wall Construction Types Through the Ages
태조 때의 도성 축조(1396)
Wall construction during the reign of King Taejo (1396)
The wall was completed in two separate projects, in January and August of 1396. The stone sections of the wall were built on mountainous terrain, and the rammed earth sections were built on flat ground. Natural stones were roughly dressed for construction of the wall.
세종 때의 도성 축조(1422)
Wall construction during the reign of King Sejong (1422)
In January of 1422, the rammed earth sections were replaced by a wall of natural stones chiseled into kernel shapes.
숙종 때의 도성 축조(1704~)
Wall construction during the reign of King Sukjong (1704~)
The stones used in the rebuilding of the wall were shaped to standardized dimensions of 40~45cm in length and width, making the wall stronger than before.
순조 때의 도성 축조(1800~)
Wall construction during the reign of King Sunjo (1800~)
Square (60cm x 60cm) stone blocks were used to build the wall. Stone blocks with inscriptions can be seen along the parapets. Research into the inscriptions is ongoing.

쌓은 돌의 모양으로 축성 시기를 알 수 있다.

양으로 다듬어 사용했단다. 숙종 때는 큼직한 화강암을 정육면체에 가깝게 반듯하게 다듬어 벽돌 쌓듯 가지런히 쌓아 올렸단다.

자연스럽게 돌을 쌓은 곳도 보이고 반듯하게 돌을 다듬어 쌓은 부분도 있다. 언제 쌓았는지 아리송한 부분도 있고, '아하!' 하고 확실하게 구분할 수 있는 구간도 있다. 도성을 따라 천천히 내려가며 요리조리 살펴보는 맛이 꽤 쏠쏠하다. 이쪽 구간은 그래도 한양 도성의 형태가 잘 보존되어 있는 편이다. 아래쪽과 위쪽에 쌓인 돌들의 모양은 어떻게 다른지, 구간별로 쌓은 방법은 어떻게 다른지, 위쪽에 여장성 위에 낮게 쌓은 담. 여기에 몸을 숨기고 적을 감시하거나 공격하거나 한다의 모양은 어떤지 서로 비교할 수 있다. 태조 때 처음 쌓은 후 무너지고 쌓기를 반복하여

쌓는 방법이 확연하게 구분되는 성곽의 모습.

오늘날까지 이어 온 역사가 고스란히 돌로 쌓여 있다.

공사 실명제의 흔적,
각자성석 찾기

특히 왼쪽 성곽 아래쪽을 잘 살피면 드문드문 글씨가 새겨진 '각자성석'을 볼 수 있다. 각자성석은 여러 종류가 있는데, 구간을 표시한 것, 공사를 담당했던 지역을 표시한 것, 날짜나 감독관 이름 등을 새겨 넣은 것 등 다양하다. 이런 국가적 공사에는 백성들을 대대적으로 동원했는데, 엉터리로 공사하는 것을 막기 위해 공사 구간과 책임자를 정해 주어 공사를 맡겼다고 한다. 만약 문제가 생기면 문책을 받는 것은 물론 다시 쌓아야 했다고 한다. 여장에 각자성석이 있는 경우도 있다. 하지만 이 구간의 순성길에서는 성곽의 높이가 높아 전혀 보이지 않고 아래쪽에 있는 것들만 볼 수 있다.

처음 도성을 쌓을 때 대략 600척(미터법으로 대략 180m)씩 97개 구간으로 나누어 천자문 글자 순서에 따라 구간의 이름을 붙였다고 한다. 하늘 천(天)부터 조상할 조(弔)까지. 계단 아래쪽 근처를 오르락내리락 살피다 '거자종궐백척'이라

각자성석을 통해 공사 구간, 공사 지역, 공사 날짜, 감독관 등을 알 수 있다.

는 각자성석을 발견했다. 아 이거구나. 거(巨)는 천자문의 51번째 글자고 궐(闕)은 52번째 글자이니까 옳거니, 이곳은 '거' 구간이 끝나고 '궐' 구간 600척이 시작되는 곳이라는 뜻이구나. 천자문 순서에 따라 600척씩 구간을 나누었다고 했으니 아마 '백척' 앞에는 '육(六)'이라는 글자가 있지 않았을까 추측해 본다. 오랜 세월에 닳아 없어졌나 보다.

이런 식으로 구간에 대한 정보를 새긴 각자성석은 대부분 태조 때의 것이라고 한다. 세종 때 토성을 석성으로 바꾸면서 새로 새긴 것도 있다 한다. 언제 새긴 건지 알 수 없지만 '참 오래 버티고 있구나' 하는 대견한 생각이 든다.

조금 아래로 내려가다 또 다른 각자성석을 발견했다. 이번에는 글자도 많고 내용도 꽤 체계적으로 보인다. 오른쪽부터

각자성석과 각자성석에 새겨진 글자.

都庁
監官
趙廷元
吳澤
尹商厚
邊首安二土里
己丑八月日

살펴 알아볼 수 있는 한자들을 최대한 적어 본다. 맨 오른쪽은 이 구간 공사를 담당했던 책임자의 직위이고 차례로 3명의 이름이 새겨져 있다. 마지막에 '기축'이라는 연도를 나타내는 한자도 보인다.

눈에 띄는 것은 그 사이에 새겨진 '편수 안이토리'라는 글자인데, '편수'는 우두머리라는 뜻이고, 그럼 '안이토리'는 사람 이름일까? 성은 '안'이오 이름이 '이토리'라니. 독특한 이름이라는 생각이 든다. 찾아보니 '안이토리'라는 사람은 이 도성을 쌓는 데 공이 큰 숙종 때 석수라 한다. 석수는 돌을 다루는 사람이니 당시로는 그다지 신분이 높지 않았을 텐데 각자성석에 이름까지 새긴 걸 보니 솜씨가 뛰어났을 뿐 아니라 그야말로 공이 컸던 모양이다.

안이토리는 도대체 어떤 사람일까? 돌에 이름은 새겨져 있으나 그에 대해 알려진 내용은 거의 없다. 다만 숙종 때의 『승정원 일기』에 광희문 공사를 하다 사고를 당해 죽음에 이르렀다는 짤막한 내용이 적혀 있을 뿐, 그의 공적이나 석수로서의 솜씨, 도성과 관련된 그의 삶 등에 대한 내용은 전혀 기록되어 있지 않다. 도성을 쌓다 목숨까지 잃었는데 참 무상하지 않나. 하기야 그의 죽음에 대한 기록마저 없었더라면 그런 사람이 있었는지조차 알 수 없었으리라.

그나저나 이름이 '이토리'인걸로 보아 양반은 아니었을 것이다. 양반은 대개 감독을 했을 것이고, 돌을 나르고 다듬고 쌓은 사람들은 말 그대로 이름 없는 백성들이었을 테니 말이다. 도성을 쌓다 사고나 질병으로 죽은 사람도 많았다 하니 그야말로 백성의 피와 땀으로 완성된 한양 도성이 아닐지. 이렇게 그의 이름이 새겨진 돌을 보고 있자니 그의 이름을 기억하라기보다는 이 도성을 쌓는 데 참여했던 수많은 백성들을 잊지 말라는 뜻이 아닐까?

십간십이지로 연도 나타내기

그렇다면 가장 왼쪽에 새겨진 기축은 무슨 뜻일까? 기축은 연도를 나타내는 방법 중 하나이다. 오늘날에는 2019년 4월 5일과 같이 숫자로 연도와 날짜를 나타내지만, 조선 시대까지 십간(천간)과 십이지(지지)를 조합한 육십갑자를 이용하였다. 십간십이지는 중국을 비롯한 동양권에서 생명의 순환 과정을 음과 양의 조화로 설명하는 방법이기도 하였으며, 특히 십이지는 시각, 월, 방위 등을 나타낼 때 사용하기도 했다.

십간	甲(갑)	乙(을)	丙(병)	丁(정)	戊(무)	己(기)	庚(경)	申(신)	壬(임)	癸(계)

십이지	子(자)	丑(축)	寅(인)	卯(묘)	辰(진)	巳(사)	午(오)	未(미)	申(신)	酉(유)	戌(술)	亥(해)
동물	쥐	소	호랑이	토끼	용	뱀	말	양	원숭이	닭	개	돼지

십간십이지로 연도의 이름을 정하는 방법은 간단하다. 천간 10개, 지지 12개를 차례로 짝지으면 하나의 간지가 정해지는데, 그것이 그 해의 이름이 된다.

2018년은 무술년이다. 따라서 2019년의 천간은 '무' 다음인 '기', 지지는 '술' 다음 천간인 '해'를 짝지은 기해년이 된다. 같은 방법으로 2020년은 경자년, 2021년은 신축년이다. 이렇게 십간 10개와 십이지 12개를 차례로 짝지을 때 무술년은 몇 년 뒤에 다시 올까?

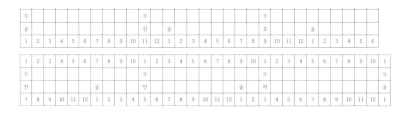

무										무										무									
술										신		술								오				술					
1	2	3	4	5	6	7	8	9	10	11	12	1	2	3	4	5	6	7	8	9	10	11	12	1	2	3	4	5	6

1	2	3	4	5	6	7	8	9	10	1	2	3	4	5	6	7	8	9	10	1	2	3	4	5	6	7	8	9	10	1
무										무										무										무
진						술				인								술		자										술
7	8	9	10	11	12	1	2	3	4	5	6	7	8	9	10	11	12	1	2	3	4	5	6	7	8	9	10	11	12	1

위와 같이 표를 만들어 생각해 보면 십간은 10년, 십이지는 12년마다 다시 돌아오므로, '무'과 '술'이 만나 다시 '무술년'이 되려면 60년이 지나야 됨을 알 수 있다. 사실 10과 12의 최소공배수가 60이기 때문에 간단한 계산으로도 알아낼 수 있다.

사람들은 자신이 태어난 해가 육십갑자로 따져 60년 만에 다시 돌아오는 해의 생일을 '환갑'이라 한다. 다른 생일과는 달리 특별한 날로 생각하여 기념하고 장수를 기원하기도 한다.

그럼 이 돌에 새겨진 기축년은 몇 년도일까? 먼저 2019년을 기준으로 가장 가까운 기축년을 셈해 보면 2009년이었다. 또 기축년은 60년마다 반복되니 1889년, 1949년도 기축년이었음을 알 수 있다. 이렇게 60년마다 반복되므로 이 돌에 새겨진 기축년의 연도를 알려면 여러 다른 기록을 통해 당시의 정황을 살펴야 한다. 성벽 외부에 감독관 이름이 쓰여 있다는 점, 다듬어진 돌의 모양, 『조선 왕조 실록』에 적힌 성곽 축조 기록 등을 종합해 판단해야 한다.

흥인문 옆 낙산 근처에 동대문 성곽공원이 있는데, 각자성석들이 한곳에 여러 개 쌓여
있는 곳이 있다.
사람 이름,
석수라는

한양도성 박물관

위 사진은 복원되기 전 성벽 바깥쪽 모습이고 아래 사진은 복원 후 모습이다. 이 구간은 도성이 끊긴 구간인데 끊긴 면에 복원해 놓았다. 각자성석은 원래 도성의 안쪽이나 바깥쪽 면에 있는데 갑자기 끊어진 단면에 복원해 놓다니, 마치 도로변에 전시한 것 같다는 느낌이 든다.

직업, 날짜 등이 눈에 띄는데, 최근에 동대문 쪽 인도와 도로에서 잘 보이는 위치에 복원되었다. 이렇게 많은 각자성석들이 한곳에 쌓여 있다니 각자성석의 제자리가 여기가 맞는 걸까 싶기도 하다.

이곳 근처에는 ‘한양 도성 박물관’도 있다. 동대문 근처에 있던 청계천의 오간수문과 이간수문에 대한 구조, 위치 등 관련 내용도 정리되어 있을 뿐 아니라, 한양 성곽의 축성과 개축에 대해 논의했던 내용들이 적힌 『태조 실록』, 『세종 실록』, 『숙종 실록』 등에 대한 자료도 볼 수 있어 유익하다. 박물관에서 내려다보는 동대문도 볼 만하다.

수학속으로 4 성을 쌓은 연도는 언제일까?

서울 한양 성곽을 따라 걷다 보면 한자가 새겨진 각자성석을 볼 수 있다. 사진은 남산 정상에서 장충체육관 쪽으로 내려가는 '남산 구간 3코스' 내리막길의 성곽 아래쪽 각자성석이다. 새겨진 한자들을 적어 보면 오른쪽과 같다. 맨 오른쪽에는 '도청 감관'이라는 관청과 직책이, 중간에는 관리, 감독한 사람의 이름이 새겨져 있다. 맨 왼쪽에는 공사한 연도가 보이는데, '기축'이라고 되어 있다. 이 부근의 성은 몇 년도에 쌓은 것일까?

都庁
監官
趙廷元
吳澤
尹商厚
邊首安二土里
己丑八月日

각자성석과 각자성석에 새겨진 글자.

『한국민족문화대백과』에는 임진왜란으로 인해 무너졌던 성곽을 1704년숙종 30년부터 약 7년에 걸쳐 대대적으로 보수했다는 기록이 있다. 그 후로는 남산 구간을 대대적으로 보수했다는 기록이 없으므로 돌에 새겨진 기축년은 1704년과 매우 가까운 해임을 추론할 수 있다. 1704년과 가장 가까운 기축년은 1709년이다.

이 각자성석과 가까운 곳에 비슷한 내용이 적힌 각자성석이 있는데 '경인庚寅'이라고 적혀 있다. 경인년은 기축년 바로 다음 해인 1710년이다. 여기에도 '안이토리'의 이름이 새겨져 있다. 그의 직업 '석수'가 또렷하다.

각자성석의 내용을 통해 성을 쌓은 사람과 시기를 알 수 있다.

근처에 '제삼소수음사정우第三小受音使鄭祐'라는 각자성석도 있는데, '수음'은 작은 구간이라는 뜻이고 '사'는 공사 책임자의 직책, '정우'는 사람 이름이란다. 이렇게 이름까지 새긴 걸 보면 그 책임을 명확히 하고자 했다는 것을 알 수 있다. 그 외에 '금 이소 오백칠십 보'라고 새겨진 각자성석도 볼 수 있다.

각자성석 보는 재미에 계단을 내려오다 보니 어느새 남산 순환도로를 만난다. 도성이 끊어지고 길 건너로 다시 이어지고 있다. 도로 바닥을 가로질러 성벽이 있었다는 표시가 있고, 끊어진 도성 성벽 끝자락에 한양 도성 순성길 팻말도 눈에 들어온다.

내친김에 남산 순환도로를 가로질러 국립극장, 3·1 독립운동 기념탑, 유관순 열사 동상을 지나 장충단 공원으로 향한다. 도성은 이제 호텔 쪽으로 꺾여 그 자취를 감춘 지 오래다.

한양 도성에서 바라본 서울 풍경. 오른쪽으로 신라호텔이 보인다.

이곳부터는 주택가와 도심을 통과하는데, 그 흔적은 흥인문까지 끊어질 듯 이어져 있다. 큰길을 만나면 여지없이 성벽은 사라지고 한참 동안 주택가를 지나기도 하면서 사라지고 나타나기를 반복한다.

한참을 내려가니 큰길 옆에 돌다리 수표교가 보인다. 청계

수표교(아래 사진)와 수표. 수표는 물의 높이를 측정하기 위해 세운 돌기둥이다.

천 다리 중 하나였는데 물의 높이를 측정하기 위한 수표를 세운 후 수표교라 불리게 되었다고 한다. 수표는 세종 때 처음 세웠는데 개천에도 그 수위를 알 수 있도록 한강과 청계천에 푯말을 세워 홍수에 대비하고자 했던 일종의 측량 기구이다. 청계천에 세운 수표는 낮은 돌기둥 위에 나무 기둥을 세운 형태였다는데, 지금 남아 있는 수표는 육각 기둥 모양의 돌기둥으로 성종 때 다시 만들었단다. 위에는 연꽃 무늬가 새겨진 삿갓 모양의 머릿돌이 올려져 있고, 1~10척까지 1척(약 21㎝)마다 눈금이 새겨져 있다.

수표교는 1959년 청계천 복개 공사 때 철거되어 수표와 함께 여기 장충단 공원으로 옮겨졌는데, 수표만 다시 청량리에 있는 세종대왕기념관으로 옮겨져 따로 보관되고 있다. 고가도로가 철거되고 청계천이 지금의 인공 하천으로 복원되었지만, 수표교는 끝내 제자리로 가지 못했다. 수표가 세워진 후 다리 이름도 수표교라 바뀌어 불리게 되었다는데, 수표 없는 이 다리를 여전히 수표교라 해야 할지. 이제 청계천을 재복원할 계획이라고 하니 그때는 수표와 함께 제자리를 찾으려나?

수표교까지 보고 나니 남산 걷기의 마침표를 정갈하게 찍은 것 같다. 한차례 훅, 벚꽃이 날린다. 봄이 날리고 있다.

한양도성
전 도

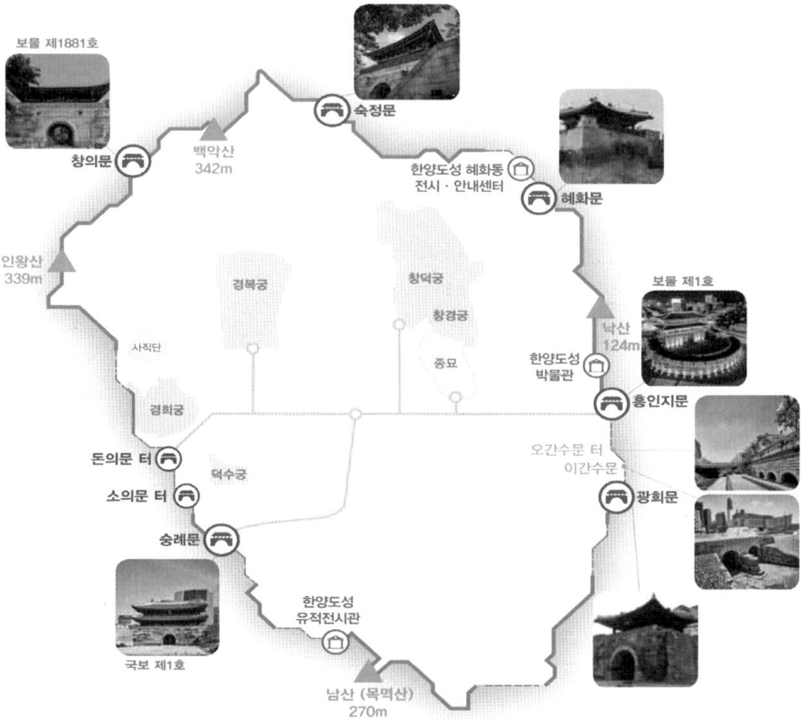
보물 제1881호
창의문
백악산
342m
숙정문
한양도성 혜화동
전시 · 안내센터
혜화문
인왕산
339m
경복궁
창덕궁
창경궁
사직단
종묘
보물 제1호
낙산
124m
한양도성
박물관
흥인지문
경희궁
돈의문 터
덕수궁
오간수문 터
이간수문
소의문 터
광희문
숭례문
한양도성
유적전시관
국보 제1호
남산 (목멱산)
270m

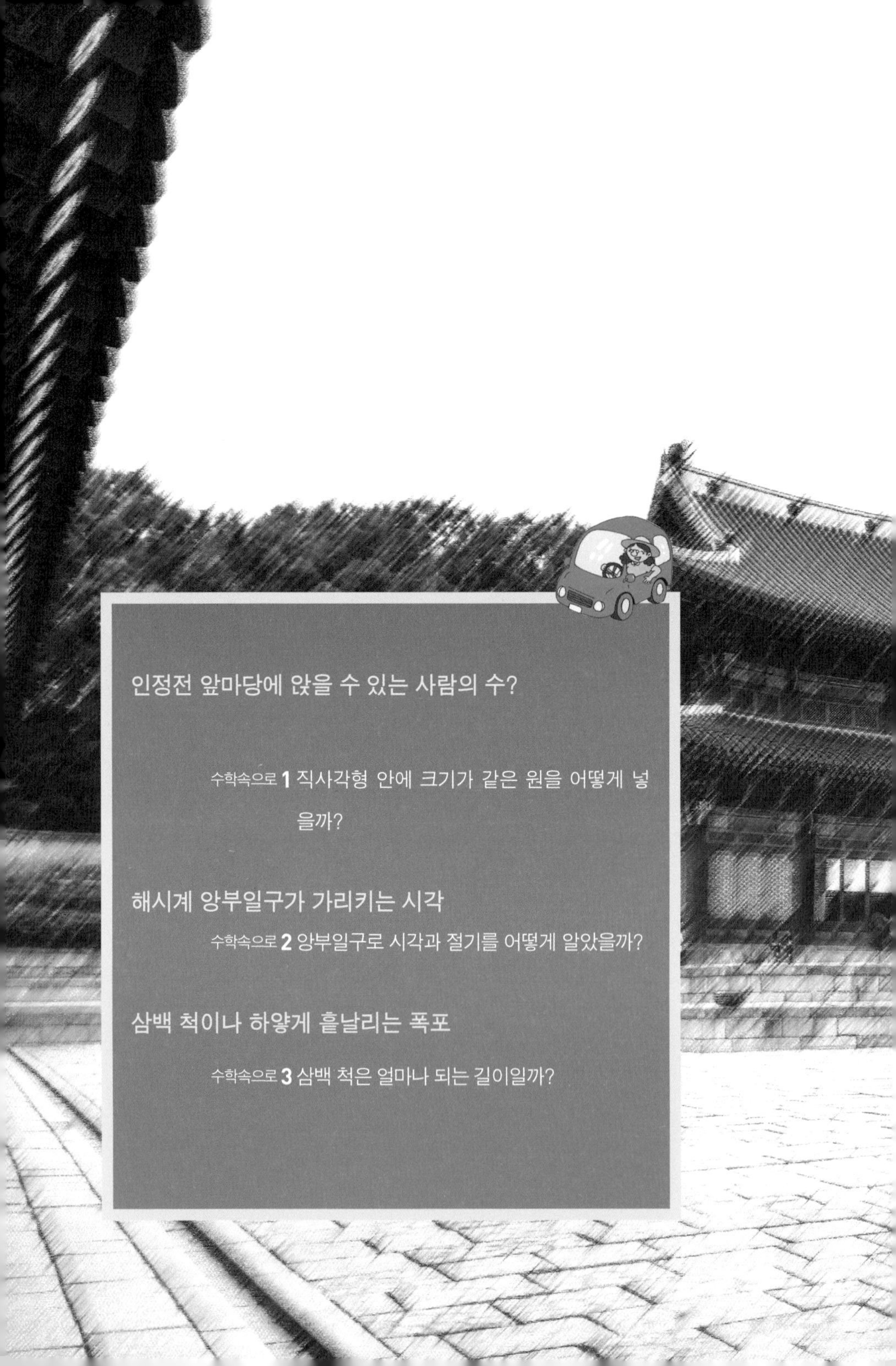

인정전 앞마당에 앉을 수 있는 사람의 수?

수학속으로 **1** 직사각형 안에 크기가 같은 원을 어떻게 넣을까?

해시계 앙부일구가 가리키는 시각

수학속으로 **2** 앙부일구로 시각과 절기를 어떻게 알았을까?

삼백 척이나 하얗게 흩날리는 폭포

수학속으로 **3** 삼백 척은 얼마나 되는 길이일까?

창덕궁

서울에서 고즈넉하게 가을 정취와 단풍을 즐길 수 있는 곳을 꼽으라면 단연 창덕궁이 아닐까. 숲도 울창한데다 단풍나무도 많다. 뿐이랴. 조선 시대 왕들이 가장 오랜 기간, 또 최근까지 살던 낙선재가 있는 곳이기도 하다. 구릉에 터 잡았기에 주변 지형과 조화를 이루도록 방향이나 형식에 크게 구애받지 않고 자연스럽게 건물들을 배치한, 그래서 가장 한국적인 풍광을 가진 궁궐이라기에 손색이 없지 않을까 싶다. 게다가 궁궐 뒤 깊숙한 곳에는 연못과 정자들이 어우러진 넓은 후원이 있다. 천천히 거닐다 보면 빨간 단풍 사이로 눈부시게 쏟아져 슬쩍슬쩍 얼굴을 간지럽히는 가을볕, 단풍 색을 묻혀 와닿는 것마다 물들일 것 같은 선들한 바람, 나뭇잎 사이사이로 가끔씩 내미는 높푸른 하늘. 이런 대도시 한복판에서 가을을 즐기기에 이만한 곳도 없지 않은가.

창덕궁은 태종 4년(1404년)에 짓기 시작해 계속 증축을 이어가며 궁궐의 격식을 갖추게 된다. 조선 개국 후 경복궁이 창건되어 한양으로 수도를 옮겼지만 권력다툼의 와중에 개경으로 다시 수도를 옮기게 된다. 경복궁에서 두 번이나 있었던 피비린내 나는 왕자의 난을 겪은 후 왕위에 오른 태종 이방원. 원래 수도로 정했던 한양으로 오긴 해야겠는데 경복궁으로 되돌아오기는 싫었던 걸까? 새로운 궁궐인 창덕궁을 세운 후에야 다시 한양으로 수도를 옮겼다.

임진왜란 때 궁궐들이 모두 불탄 후 창덕궁부터 재건했으니, 고종 때 경복궁이 중건될 때까지 270여 년 동안 실질적인 조선 최고의 궁궐이었다. 1991년부터 본격적인 복원사업이 시작되어 현재에 이르렀으며, 유네스코(UNESCO)에 세계문화유산으로 등재되어 한국을 대표하는 세계적인 궁궐이 되었다.

조선 시대 내내 가장 오래 사용했던 궁궐인 만큼 필요에 따라 증축을 계속했기 때문에 시대에 따라 받아들인 다양한 건축 양식을 볼 수 있다는 점이 흥미롭다. 특히 넓은 후원과 그 일대에 있는 정자들의 형태가 개수만큼 다양한데, 그 단면을 도형과 연관하여 생각해 보는 재미가 있다. 조선 시대의 법궁이었던 경복궁과 비교하여 보는 것도 좋다.

그나저나 올해 단풍은 또 얼마나 예쁘려나 실은 그게 더 궁금하다.

인정전 내부의 모습. 조선의 궁궐과는
어울리지 않을 것 같은 커튼과 유리가 눈에 띈다.

후원 일대의 정자와 연못 사이를 거닐다 보면 조선 시대로 돌아간 것 같기도 하다.

7
6
5
4
2
3
1

1 돈화문

창덕궁의 정문. '돈화'란 '임금이 큰 덕을 베풀어 백성들을 돈독하게 교화한다'는 뜻이라고 한다. 현재 남아 있는 궁궐의 대문 중 가장 오래된 목조 건물로 2층 구조이며, 1412년에 세워졌다고 한다..

2 인정전과 앞마당

'어진 정치'라는 뜻의 인정전은 창덕궁에서 가장 중요한 건물. 왕의 즉위식, 결혼식 등 공식적인 국가행사가 열리던 곳이다. 그런 만큼 앞마당이 넓으며 품계석이 양쪽으로 12개씩 총 24개가 있고, 가운데로는 임금이 다니는 삼도가 곧게 뻗어 있다.

3 낙선재

조선의 마지막 왕, 영친왕이 살았던 곳. 단청 없이 사대부 주택 형식으로 지어졌지만 다양한 문살과 문양 등 장식들이 많아 조선 후기 건축 장인들의 축적된 기량을 엿볼 수 있어 건축적 가치가 높다.

4 부용지와 부용정, 영화당, 주합루

창덕궁에서 아름답다고 손꼽히는 곳. 직사각형 모양의 연못인 부용지 한가운데에는 둥근 섬이 있고, 남쪽 변에는 부용정이라는 정자가 있다. 북쪽 높은 언덕에 어수문을 통해 오를 수 있는 주합루가 있는데, 도서관이자 인재들의 공부 장소로 사용되었다고 한다. 동쪽으로는 영화당이 있고, 그 앞에 앙부일구가 놓여 있다.

5 연경당

효명세자가 아버지 순조와 어머니 순원왕후를 위한 잔치를 베풀고자 지은 집. 궁궐이나 단청을 하지 않았고, 그 배치 형식 또한 사대부 집과 비슷하다. 햇빛을 막기 위한 차양이 설치되어, 당시로서는 드물게 중국풍으로 지어진 서재, 선향재가 눈길을 끈다.

6 관람정, 존덕정, 청심정 등 여러 정자와 연못

연경당을 지나면 여러 형태의 정자와 연못이 조화롭게 지어져 있다. 어떤 형태인지 살펴보면서 쉬어 가는 재미가 있다.

7 옥류천 일대

후원 가장 안 쪽에 위치한 곳. 인조 때 돌에 구멍을 뚫고 넓은 바위 둘레에 둥글게 홈을 파 샘물을 흐르게 하여 소요정 앞에서 폭포처럼 떨어지게 만들었다. 주변으로 소요정, 취한정, 태극정, 청의정, 농산정 등 5개의 정자가 모여 있는데, 이곳에는 작은 논이 있어 임금이 손수 논농사를 짓고 볏짚으로 취한정의 지붕을 이어 농사의 중요함을 일깨웠다고 한다.

인정전 앞마당에 앉을 수 있는 사람의 수?

설레는 마음으로 찾은 창덕궁

아침부터 서둘러 창덕궁 매표소 앞에 헐레벌떡 도착한다. 매표소는 아직 열리지 않았는데 벌써 줄이 길다. 오전 시간대 표를 살 수 있으려나? 가을 아침의 쌀쌀함에 따끈한 커피 생각이 간절하건만 뺨을 스치는 찬바람에 순간 번쩍 정신이 들며 재빨리 짧은 줄을 찾아 선다. 매년 단풍이 한창일 때를 정해(대개 11월 초순) 창덕궁 후원을 자유 관람할 수 있다. 요즘이 바로 그때라 원하는 시간대의 표를 구하기가 어렵다. 오늘

돈화문 왼쪽 옆에 우뚝 서 있는 큰 회화나무 세 그루.

도 금방 동나려나 보다.

창덕궁은 크게 인정전 일대와 후원 일대로 나뉘는데, 보통 인정전 일대는 자유 관람이지만 후원 일대는 관람 시간, 해설 언어, 관람 인원 등이 정해져 있다. 궁궐 해설사와 함께 시간 안에 관람해야 한다. 사람 마음이란 게 참 묘해서 정해진 시간 안에 뭘 하라 하면 왠지 쫓기는 것 같다고나 할까. 해설사 설명도 귀담아 들으랴, 어디가 멋진지 살피며 사진 찍으랴, 풍광 즐기랴, 감탄하랴, 바쁘기만 하고 뭔가 잘 안 되는 것 같다고나 할까. 이렇게 후원을 맘껏, 자유로이 거닐 수 있는 기간이 있다니 새삼 좋다.

외국인들은 약간 어리둥절한 표정으로 줄을 서야 할지 말지 망설이는 눈치다. 매표소가 열리기 무섭게 오전 시간대 표가 매진된다. 다행히 10시 입장표를 구했다. 자유 관람이라 해도 입장 시간은 정해져 있다.

돈화문을 들어서니 그제야 여유가 생긴다. 문 하나 사이인데 도시를 한참 벗어난 듯 공기부터 다른 느낌이다. 푸릇한 회화나무가 엄청난 키를 자랑한다. 세 그루가 심어져 있는데 좌의정, 우의정, 영의정을 의미한다고 한다. 궁궐이나 사대부 집 안에 심었다는데, 학식이 높은 선비가 많이 나길 바라는 뜻이 있단다.

어느새 새색시 다홍치마 마냥 빨갛게 물들어 나 단풍이요 하는 걸 보니 후원의 올해 단풍은 얼마나 고울까? 한껏 기대하는 마음으로 돈화문에서 오른쪽으로 90°로 꺾어 금천교를 건넌다. 이때부터 경복궁과 창덕궁은 그 구조부터 사뭇 다르다는 것이 느껴진다.

빌딩을 배경 삼아 고운 빛을 뽐내는 금천교 옆 단풍나무.

경복궁보다 더 오랫동안 왕들이 살았던 창덕궁

사실 조선의 첫 번째 궁이자 공식적인 궁궐(법궁)은 경복궁이다. 경복궁은 태조 이성계가 조선을 건국하고 1394년에 수도를 한양으로 옮기면서 처음 지은 궁궐이다. 조선이라는 새로운 나라를 세웠으니, 고려의 수도였던 개경(지금의 개성)을 벗어나 새 수도를 건설하는 일은 필요하고 중요한 일이었다. 그래서 태조가 한양으로 수도를 옮기는 일에 직접 발 벗고 앞장섰다고 한다. 공사가 시작된 지 약 10개월 후에 경복궁과 종묘가 완성되었고, 태조가 궁으로 들어오면서 조선의 법궁은 경복궁이 되었다. 여러 건물들이 속속 들어서면서 세종 때에 이르러서는 제법 궁궐다운 모습을 갖추게 되었다고 한다.

하지만 경복궁은 비어 있을 때가 더 많았다. 조선을 세운 직후 누가 다음 왕이 될 것인가 하는 문제를 둘러싼 갈등으로 왕자들끼리 죽고 죽이는 일이 일어났다. 급기야 조선의 2대 왕, 정종은 한양의 지세가 좋지 않아 이런 일이 일어난다며 수도를 다시 개성으로 옮기기까지 하였다. 그러다가 3대 왕 태종(이방원)이 경복궁 동쪽 옆에 새로운 궁궐, 이곳 창덕궁을 지어 다시 서울로 수도를 옮긴다. 경복궁이 있는데도 새로 창덕궁을 지은 이유는 뭘까? 이방원은 두 번에 걸친 '왕자의 난'의 주역이었다. 형제들간의 피의 권력 다툼에서 드디어 왕이 되긴 하였으나, 그 주요 장소였던 경복궁에는 머물기 싫었던 것은 아닐는지….

이 일을 계기로 조선은 왕조의 법통을 상징하고 왕의 공식적인 활동이 이루어지는 법궁인 경복궁과 화재나 자연재해,

경복궁에서 가장 중요한 건물인 근정전. 왕의 즉위식, 결혼식, 사신 접대 등 국가의 공식적인 행사가 열리던 장소이다. 울퉁불퉁한 돌이 깔린 넓은 앞마당 조정, 두 줄로 늘어선 품계석, 2단으로 높인 월대와 이를 장식하고 있는 동물상들이 눈길을 끈다.

전염병 등으로 법궁에 문제가 생겼을 때 옮겨 생활하는 제2의 궁궐, 창덕궁을 정비하게 되었고, 이로써 양궐 체제를 갖추게 되었다.

그러면 조선 시대 왕들은 어느 궁에서 살았을까? 원래는 경복궁에 머물러야 마땅하나, 왕들은 창덕궁에 머물기를 더 원했던 모양이다. 왕이 가장 오랫동안 머물렀던 궁궐은 창덕궁이었다. 경복궁이 법궁이긴 했지만 궁궐의 실제 주인인 왕의 사랑은 받지 못한 셈이다.

그래서일까. 임진왜란 후 창덕궁이 가장 먼저 재건되었다. 1592년[선조 25년]에 임진왜란이 일어나 순식간에 일본군에 한양을 빼앗기게 되었고, 경복궁을 비롯한 모든 궁궐이 불타 없어지게 된다. 전쟁이 끝나 다시 서울로 돌아왔지만 왕이 머물 궁궐은 이미 불타 사라지고, 선조는 임시로 지은 곳에 머무르는 처지가 되었다.

궁궐을 다시 짓자는 이야기는 1605년[선조 38년]에야 나오기 시작한다. 그럼 어떤 궁궐부터 지어야 할까? 논란이 분분했다. 공식적인 법궁은 경복궁이지만 왕이 늘 머물던 곳은 창덕궁이었으니 사람마다 의견이 다를 수밖에. 전쟁 후라 경제적 상황도 좋지 않고, 의견도 분분하여, 궁궐 짓는 일은 자꾸 미루어지게 되었다. 광해군 때가 되어서야 본격적으로 추진되는데, 당시 신하들은 창덕궁을 법궁으로 인식하고 먼저 중건하자고 의견을 모았다고 한다. 이후 인경궁, 경덕궁 등 새로운 궁궐이 지어지는 사이 경복궁은 점점 잊히어 대원군이 중건할 때까지 폐허가 된 채 궁터만 남게 되었다.

엄격한 격식을 차려 지었던 경복궁과는 달리 두 번째로 지어진 창덕궁은 오랜 기간 왕과 왕족들이 살면서 필요에 따라 여러 전각들을 지어 나갔기에, 주변의 낮은 산세를 그대로 살려 자연과 어우러지게 지어졌다.

경복궁의 배치를 살펴보면 경복궁의 정문인 광화문, 국가

인정문. 인정문을 통과하면 왕이 나와 조회를 하던 인정전이 나온다.

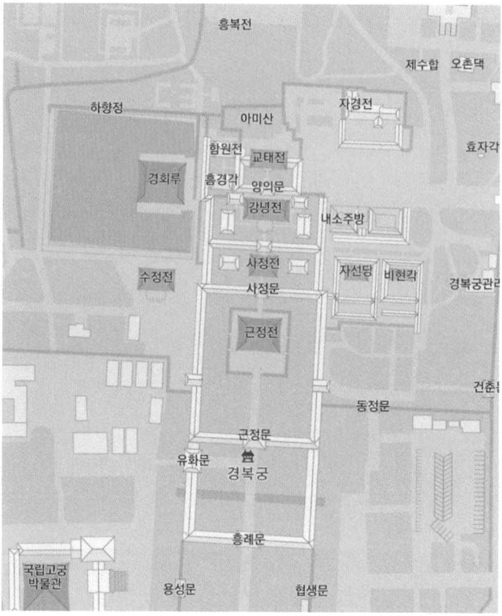

경복궁의 건물 배치. 주요 전각들이 남북을 잇는 직선을 따라 일렬로 배치되어 있다.

의 공식적인 행사가 열렸던 근정전, 왕이 평소 일하며 머물던 사정전, 왕과 왕비가 잠을 자던 강녕전과 교태전 등 주요 전각들이 남북으로 뻗은 일직선 위에 나란히 줄지어 있다. 근정전을 중심으로 동쪽은 떠오르는 태양을 의미하는 세자의 공간인 동궁이 배치되고, 서쪽은 신하들의 공간인 궐내각사가 배치되어 있다. 뒤쪽 깊숙이 왕과 왕족들의 휴식을 위한 연못과 향원정이 있다.

반면 창덕궁의 전각들은 숲속 이곳저곳에 흩어져 있다. 창덕궁에서 가장 중요한 건물인 인정전도 정문인 돈화문에서

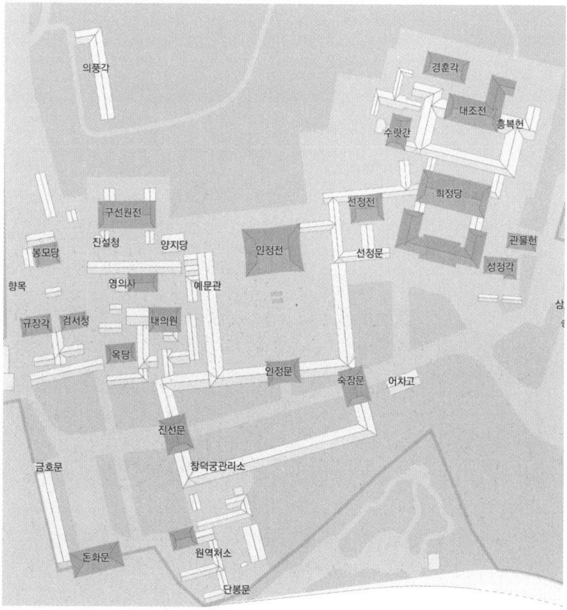

창덕궁의 건물 배치. 자연과 어우러져 배치되어 있다.

가자면 방향을 두 번이나 바꾸어야 한다. 왕이 평소 일하며 머물던 선정전, 왕과 왕비의 생활 공간인 희정당과 대조전은 인정전의 오른쪽에 배치되어 있다. 더 오른쪽으로는 동궁이 배치되어 있다. 특히 넓은 후원 일대에는 곳곳에 작은 연못과 다양한 형태의 정자도 많다. 건물 안 어디서든 문만 열면 늘 나무와 나지막한 언덕이 보이지 않았을까?

물이 흐르지 않는 금천교를 건너 진선문을 지난다. 약간 찌그러진 사각형 모양의 꽤 너른 마당을 가로지른다. 이번에는 왼쪽으로 다시 방향을 틀어 인정문을 들어선다. 한복을 차려

창덕궁 인정전. 창덕궁에서 가장 중요한 건물로 국가의 공식적인 행사가 열리던 장소이다. 월대는 2단인데 특별한 장식은 없다.

입은 젊은이들이 사진 촬영을 하며, 재잘거리며, 인정문을 나서고 있다. 그들에게는 한복을 입고 소위 인생 샷을 찍는 일이 궁에서 하는 일종의 놀이가 아닐까 하는 생각이 든다. 그렇게라도 찾다보면 사진 속 배경인 창덕궁에도 관심을 갖게 되겠지. 창덕궁에서 가장 중요한 건물인 인정전이 저 앞에, 조금은 소박한 모습으로 서 있다.

창덕궁에서 가장 중요한 인정전

창덕궁이 오랫동안 조선이 법궁 역할을 함에 따라 왕의 즉위식이나 혼례 같은 조정의 공식적인 의식, 외국 사신의 접견 등은 인정전에서 이루어졌다. 창덕궁의 핵심 건물이자 가장 중요한 건물이다. 두 개의 지붕이 있어 겉보기에 2층처럼 보이지만 사실은 1층 건물이다.

임금만이 다닐 수 있었다는 길을 따라 인정전을 향해 걷는다. 삼도라 불리는 이 길은 세 부분으로 구분된 돌길로, 제일 넓은 가운데 길이 임금, 양쪽으로는 신하들이 다니는 길이다. 삼도 옆 양쪽으로 품계석이 줄지어 있다. 공식적인 행사가 있을 때, 관료들이 자신의 품계에 해당하는 품계석 옆으로 줄을 섰다. 인정전을 바라보고 섰을 때 왼쪽(서쪽)에 무신, 오른쪽(동쪽)에 문신이 섰다. 당연히 앞쪽일수록 품계가 높다.

삼도를 걷다 보니 저 멀리 하얀 용마루에 다섯 개의 꽃잎이 선명한 꽃 모양 문양이 눈에 들어온다. 뭔가 이상해서 둘러보니 인정문 용마루 뒤쪽에도 세 개가 떡하니 보인다. 물론 인정문 앞쪽 용마루에도 세 개가 있다. 언뜻 보면 벚꽃 같지만 사실은 오얏[자두]꽃 문양이란다. 오얏꽃[李花]은 고종이 대한제

답도(왼쪽 사진)와 잡상. 답도에는 임금을 의미하는 봉황이 새겨져 있다. 계단 중간에 비스듬하게 놓여 있는데, 임금은 가마를 타고 그 위를 지나갔다고 한다. 잡상은 궁전이나 전각의 지붕 위 네 귀에 여러 가지 신상(神像)을 새겨 얹는 장식 기와이다.

국을 선포한 후 스스로 황제라 칭하면서 황실을 상징하는 문양으로 정했다는데, 인정문과 인정전에서만 볼 수 있다. 원래 용마루에는 문양이 없지 않나? 왜 이곳에만 오얏꽃 문양을 새겼을까? 모를 일이다. 그 길 끝 계단에는 봉황 두 마리가 새겨진 사각형 모양의 돌, 답도가 있다.

답도를 피해 계단으로 월대에 오른다. 인정전은 아무 장식 없는, 2단으로 된 월대 위에 세워졌는데, 돌로 된 동물 조각상으로 화려하게 꾸민 경복궁의 근정전과 대조적이다. 그래서 소박해 보였나보다.

월대 모서리 곳곳에 드므가 놓여있다. 투명한 뚜껑이 덮여 있는데 원래는 물이 담겨 있어야 한다. 불이 날 것을 대비하기 위한 일종의 소화기였다는데, 드므의 크기로 보아 얼마나

물을 담을 수 있었을까 싶다. 실제로 불을 끄기 위한 용도라기보다 화마라는, 악마가 물에 비친 자신의 모습을 보고 도망가라는 주술적인 의미가 더 컸다고 한다.

안쪽은 어떨까? 들어갈 수 없으니 문 앞에 서서 몸이라도 안으로 쑥 기울여 본다. 높은 천정이며 길게 쭉쭉 뻗은 기둥들이 시원시원하다. 저 앞에 임금이 앉았던 어좌가 있고, 뒤

드므와 우물. 인정전 바로 옆쪽에 자그마한 우물이 있는데 진짜 물이 샘솟았는지, 먹을 수 있는 물이었는지 궁금증을 자아낸다.

인정전의 앞마당(조정)에 꽤 큰 고리가 박혀 있다. 인정전 기둥 중간쯤에도 고리가 박혀 있는데, 행사 때 천막을 치는 줄을 묶는 데 사용했다고 한다.

인정전의 내부 장식들. 1907년 고종이 강제로 폐위당하고 순종이 즉위하면서 창덕궁으로 오게 되었는데 전등, 커튼, 유리, 쪽마루 등은 이때 새로 장식한 것들이라고 한다.

로 다섯 개의 산봉우리와 왼쪽으로 하얀 달, 오른쪽으로 붉은 해, 양쪽으로 두 개의 폭포와 네 그루의 소나무, 아래쪽으로 물결이 그려진 일월오봉도가 보인다. 그림의 구도는 한가운데 수직선을 중심으로 좌우 대칭이다. 임금의 권위를 상징하는 그림으로 임금이 있는 곳이면 어디든 이 그림이 함께했다.

등 뒤로 따뜻한 햇살이 들어와 바닥을 비추고 있다. 마루구나. 경복궁 근정전 바닥은 검은빛이 도는 정사각형 모양의 전돌인 것이 떠올랐다. 여긴 좀 다르게 지었나? 뒤를 돌아보니 인정전 바로 앞은 전돌이 깔려 있다. 뭔가 이상하다 싶어 다시 안쪽을 살핀다. 그러고 보니 샹들리에처럼 매달린 꽤 많은 전등과 황금빛 커튼, 그리고 유리창까지 눈에 들어온다. 문살도 황금색이다. 조선 시대 궁궐에는 있었을 법하지 않은 것들이다.

두리번두리번. 바로 옆에서 해설사의 목소리가 들린다. 1907년 네덜란드의 헤이그에서 열리는 만국평화회의에 우리나라의 상황을 알리기 위해 특사를 파견한 것을 꼬투리 삼아 고종이 강제로 폐위되고 순종이 왕이 되어 창덕궁으로 오게 되었는데, 그때부터 차츰 바뀌었다고 한다. 전돌을 걷어 내고 마루를 깔고 당시 유행했던 각종 인테리어를 하고. 하기야 시대가 흐르면 유행도 바뀌니 창덕궁으로 옮기는 김에 이곳저곳 손보았을 것이다. 하지만 그렇게 보기에는 당시 상황이 참담했다. 대한제국은 기울대로 기울었고 고종의 폐위는 곧 대한제국의 실질적인 멸망을 의미했으니, 그 후의 여러 일들은 우리나라를 식민지로 만들기 위한 정해진 수순에 불과했다고나 할까. 1910년 8월 22일, 마침내 한일병합조약이 창덕궁의 흥복전왕의 침소였던 대조전 옆 작은 건물에서 체결되고 순종도 강제로 폐위되니 조선 왕조는 518년 만에 막을 내리게 된다.

인정전이 이렇게 바뀐 것 역시 그런 역사적 흐름과 무관치 않을 것이다. 연회장으로 사용되었다고 하니 말이다. 인정전 앞마당도 예외는 아니어서 품계석도 박석도 모두 걷어 내고 흙을 돋우어 장미며 모란을 심고 정원으로 가꾸었다고 한다. 인정전의 조정이 정원이 되고 한 나라의 공식적인 행사를 진행하던 근엄한 곳에서 연회를 즐겼다니. 이렇듯 일제는 일제 강점기 내내 자신들 입맛대로 건물의 용도를 바꾸고, 궁을 뜯어 이곳저곳에 옮기고, 새로운 건물을 짓기 위해 허물기도 하는 등 거침이 없었다.

이런저런 생각을 하며 인정전을 벗어나니 앞쪽으로 호텔 입구같이 생긴 구조물이 보인다. 왕의 집무실로 사용되던 희정당 앞인데, 건물 옆을 터 문을 만들고 이 문을 나서면 바로 차를 탈 수 있게 구조를 바꾸었다. 위쪽으로는 지붕을 덧이어 붙이고 바닥으로 둥근 모양의 길까지 내었다. 희정당은 1917년에 불탔는데, 경복궁의 강녕전을 헐어다 지은 것이라 한다. 외관은 한식이나 그 안쪽은 회의실, 응접실 등 서양식으로 꾸몄다. 왕의 사무실과 외국 사신 등을 접대하는 곳으로 사용하면서 한식과 서양식이 어우러진 건물이 되었는데, 시대와 사

희정당의 앞쪽. 현관처럼 보이는데 차로 드나들 수 있도록 되어 있다.

용하는 사람이 바뀌면 건축물이 어떻게 달라지는지 엿볼 수 있다.

이렇듯 창덕궁은 조선 시대의 궁이자 일제 강점기의 모습과 역사도 간직한 궁이다. 일제 강점기 이전의 모습으로 되돌려야 한다는 의견도 있고 이것도 우리의 역사니 그대로 두어야 한다는 의견도 있다 하니 계속 복원해 나갈 창덕궁은 어떤 모습일지?

인정전 앞마당에서 치러진 과거

조금은 복잡한 마음을 뒤로하고 뒤돌아보니 평평하고 널찍한 돌들이 깔려 있는 복원된 조정이 꽤 넓다. 그래도 파란

과거가 치러지던 인정전 앞마당 배치도.

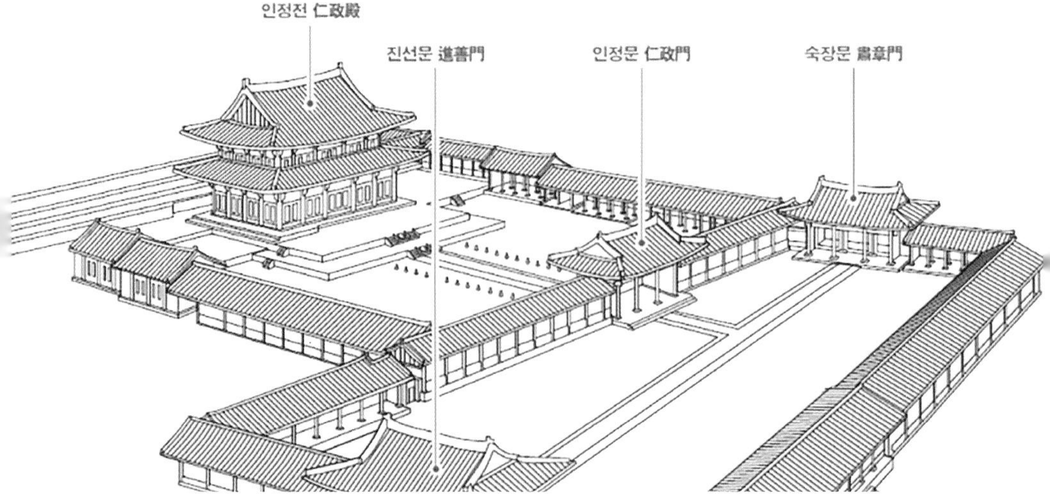

하늘과 너른 마당을 보니 마음이 탁 트인다. 여기서 국가의 공식 행사가 열리기도 했지만 과거가 치러지기도 했다.

조선 시대에는 과거 제도를 통해 나랏일을 하는 관리를 뽑았다. 관리로 등용되어야만 출세할 수 있었으니 과거에 급제하는 것은 개인과 가문의 영광이었다. 과거에는 문과, 무과, 잡과문과나 무과를 제외한 모든 학문으로 의술, 수학, 음악, 풍수지리, 과학, 번역이나 통역 등을 말한다가 있었는데, 문文을 숭상하는 경향이 뚜렷했기에 과거라 함은 보통 문과를 의미했다. 문과는 소과와 대과로 나뉘

동궐도. 조선 후기의 도화서 화원들이 동궐인 창덕궁과 창경궁의 전각 및 궁궐 전경을 부감법으로 그린 2점의 16폭 궁궐 배치도. 국보이다.

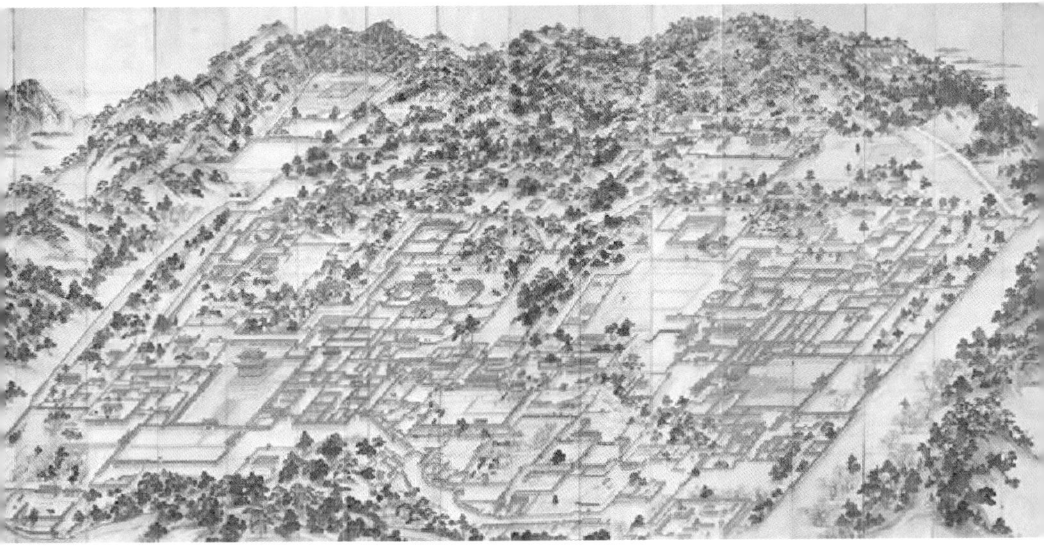

었는데, 소과에 합격해야 제대로 된 선비이자 양반으로 인정받을 수 있었다. 소과도 여러 단계가 있어 통과하기가 무척 힘이 들었는데 최종 합격자가 200여 명에 불과했다고 한다. 사극에 종종 등장하는 진사나 생원이라 불리는 이들이 바로 소과를 통과한 양반으로, 당시로서는 하급 관리라도 할 수 있는 상당한 인재들이었던 셈이다.

소과를 통과해야 지금의 대학교 기능을 했던 성균관에 입학하거나 2차 시험인 대과를 치를 수 있는 자격이 주어지고, 대과에 합격한 후에야 왕이 지켜보는 가운데 치러지는 마지막 시험, '전시'를 볼 수 있었다. 전시에는 '인재를 등용하고 양성하는 방법에 대해 논하여라.'(세종), '근래에 학교가 제 기능을 못 하고 있는데, 이를 개선할 방책을 논하여라.'(명종)와 같이 현실 문제나 시국 문제에 대한 논제들이 출제되기도 하고, 학문에 대한 자신의 입장을 논하는 문제가 출제되기도 했다고 한다. 우리가 아는 조선 시대의 인물들은 대개는 이런 과거 제도를 거쳐 뽑힌 인재 중의 인재들인 셈이다.

임금님 앞에서 시험을 보다니 얼마나 떨렸을까? 그나저나 이 모든 과정을 통과한 33명만이 '전시'를 볼 수 있었고 그 중에서 장원이 결정되었으니, 장원이 되어 어사화를 쓰기란 정말 하늘에 별 따기만큼 어려웠을 것 같다는 생각이 든다. 지금 대학 입시보다 더 어렵지 않았을까? 『조선왕조실록』에 의하면 전시가 바로 인정전 앞마당에서 치러졌다고 한다. 전쟁, 질병, 천재지변 등 여러 사정으로 정기 시험이 치러지지 못하면 비정기적인 시험인 특별시가 치러지기도 했는데, 그럴 때는 인정전 앞마당뿐 아니라 바깥쪽의 인정문과 숙정문 사이의 마당까지 빼곡하게 앉아 시험을 치렀다고 한다. 이 넓은 마당에는 몇 명이나 앉아 시험을 볼 수 있었을까? 이곳에 실제로 어떻게 앉아 시험을 치렀는지 정확하게 알 수는 없지만, 사람 사이의 거리는 일정하면서 더 많은 사람이 앉을 수 있는 방법을 추론해 볼 수는 있겠다.

인정전 앞마당. 이곳에서 과거가 치러졌다.

주어진 직사각형 안에 크기가 같은 원 많이 넣기

먼저 사람이 앉을 수 있는 '시험장의 넓이'부터 구해 보자. 지도와 축적을 이용하여 시험장으로 사용할 수 있는 곳의 넓이를 구하면 양쪽으로 각각 22(m)×30(m) 정도 되는 큰 직사각형이 두 개 나온다. 꽤 넓다.

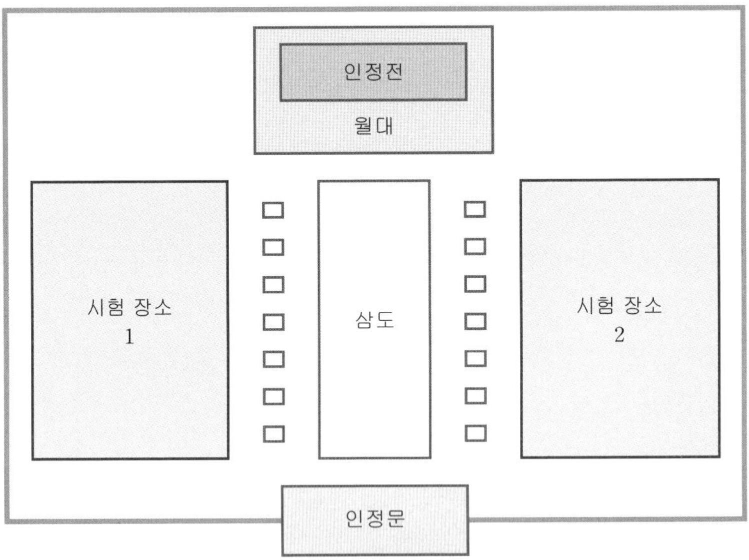

이 문제를 해결하기 위해 (1) 시험장은 합동인 직사각형 2개

로, (2) 사람이 앉는 곳은 한 점으로, (3) 1명이 차지하는 최대 공간은 반지름이 1인 원으로 바꾸어 생각해 보자. 그러면 '시험장에 최대 몇 명이 앉을 수 있을까?' 하는 문제는 '주어진 직사각형 안에 크기가 같은 원을 포개지 않고 몇 개나 넣을 수 있을까?' 하는 문제로 바꿀 수 있다.

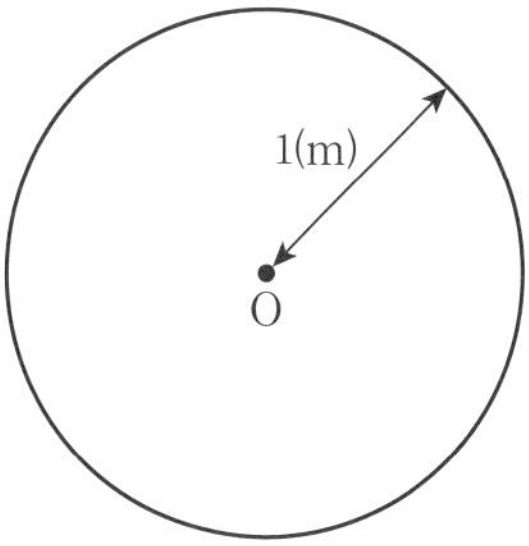

사람이 앉는 자리 : 원 O의 중심

한 사람이 차지하는 넓이 : 원 O의 넓이

이런 문제를 수학에서는 '짐 묶기'라고 하는데, 주어진 도형 안에 여러 모양의 도형이나 합동인 도형을 얼마나 넣을 수 있는가에 대해 연구한다.

[그림1]처럼 '짐 묶기'는 주어진 도형 안에 합동인 도형을 넣기도 하고, 닮음인 여러 도형을 넣기도 하는 등 다양한 접근 방법이 있다.

이 문제는 '케플러의 추측'에서 출발한다. 요하네스 케플러독일, Johannes Kepler, 1571~1630는 17세기 르네상스 시대의 천문학자이자 수학자이다. 그는 3차원 공간에서 크기가 같은 구를 쌓

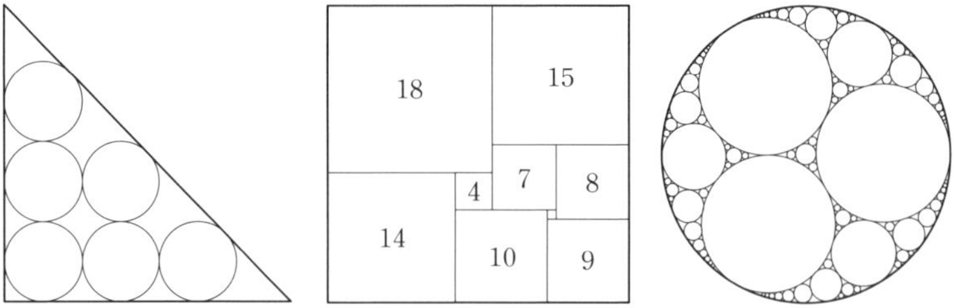

[그림1]

는 가장 효율적인 방법은 면심 입방 쌓기와 육각 밀집 쌓기, 두 가지가 있으며 이 방법들은 결론적으로 같다고 주장했다. '효율적'이라는 것은 구와 구 사이에 생기는 빈틈이 적어 밀도가 높다는 의미로, 밀도란 공간 혹은 평면에서 도형이 차지하는 비율을 계산한 값이다.

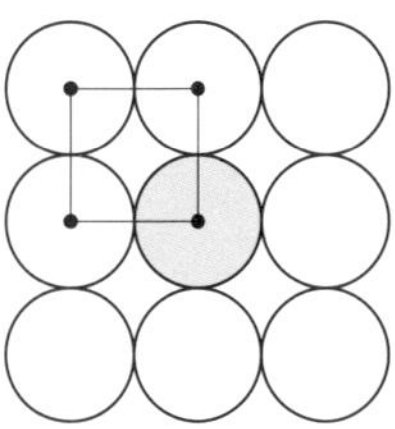

구의 중심을 이었을 때 모두 정사각형이 되도록 바닥에 구를 놓는다.

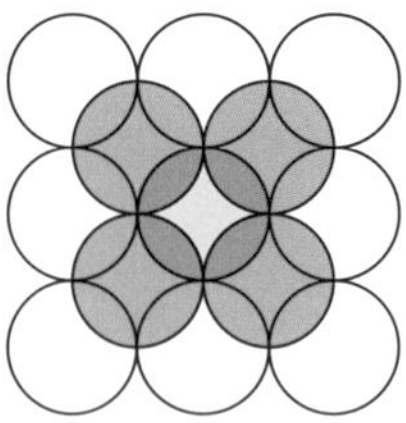

움푹 들어간 곳 위에 구를 얹는다. 같은 방식으로 계속 쌓는다.

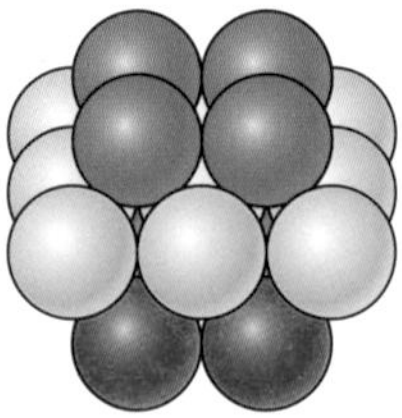

면심 입방 쌓기

이렇게 계속 쌓으면 공 1개마다 옆으로 접하는 공이 4개, 위로 접하는 공이 4개, 아래로 접하는 공이 4개, 이렇게 모두 12개의 공과 접하게 된다.

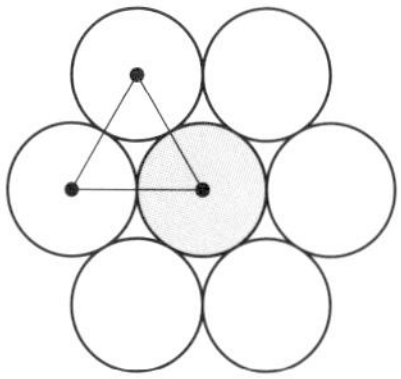

구의 중심을 이었을 때 모두 정삼각형이 되도록 바닥에 구를 놓는다.

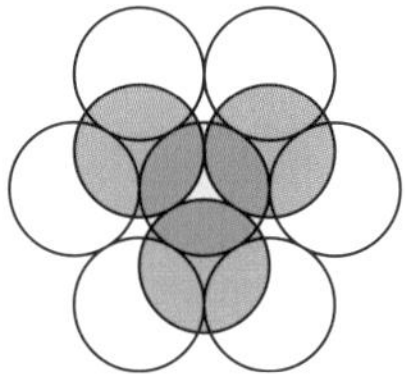

움푹 들어간 곳 위에 구를 얹는다. 같은 방식으로 계속 쌓는다.

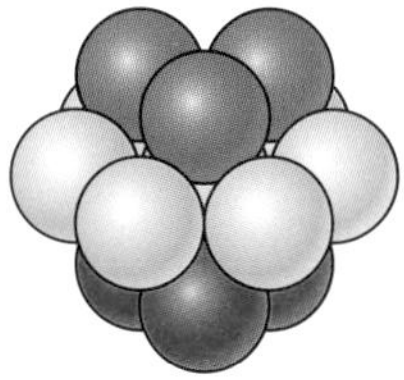

육방 밀집 쌓기

이렇게 계속 쌓으면 공 1개마다 옆으로 접하는 공이 6개, 위로 접하는 공이 3개, 아래로 접하는 공이 3개, 이렇게 모두 12개의 공과 접하게 된다.

언뜻 보기에는 쌓는 방법이 전혀 달라 보이지만 자세히 보면 쌓아 놓은 공을 어느 방향에서 바라보느냐 하는 차이일 뿐, 공 1개마다 접하는 공이 12개이면서 밀도는 $\frac{\pi}{3\sqrt{2}} \fallingdotseq 0.7405$로 같다는 것이 케플러의 주장이다.

4세기나 걸려 증명된 케플러의 추측

1611년 이 문제를 제기했던 케플러는 정작 증명은 하지 못했기에 오랫동안 '케플러의 추측'으로 남아 있었다. 1900년

프랑스 파리에서 열린 세계수학자대회에서 당대 최고의 수학자 힐베르트가 20세기를 맞이하여 수학자들이 풀어야 할 문제로 제시한 23가지 중 하나이기도 했다.

1831년, 독일의 수학자 가우스가 규칙적인 배열 중에서는 위 두 가지 방법이 가장 밀도가 높음을 증명했다. 하지만 불규칙한 배열 중 더 밀도가 높은 배열이 있지 않을까에 대한 의문은 여전히 남았다. 1998년, 케플러가 문제를 제기한 지 388년이나 지난 후에야 토마스 헤일리라는 수학자가 컴퓨터를 이용하여 모든 가능한 경우를 체크하는 방식으로 증명했다고 발표했고, 오랜 검토와 확인 끝에 2017년, 공식적으로 케플러의 정리로 받아들여졌다.

평면에서는 어떨까? 크기가 같은 원을 서로 포개지 않고 가장 효율적으로 배열하는 방법은 무엇일까? 1773년, 프랑스의 수학자 라그랑주는 규칙적인 배열 중에는 [그림2]와 같이 배열하는 것이 가장 밀도가 높다는 사실을 증명했다. 한 원과 접하는 원은 모두 6개이고 이 원들의 중심을 이은 도형은 정육각형이다.

불규칙한 배열 중에 이보다 더 밀도가 높은 배열은 없을까? 라그랑주 이후 여러 수학자들에 의해 차근차근 증명이 완성되어 갔고, 평면에 크기가 같은 원을 배열할 경우 불규칙한 배열을 포함한 모든 배열 중 위 모양의 배열이 밀도가 가장 높다는 사실이 증명되었다.

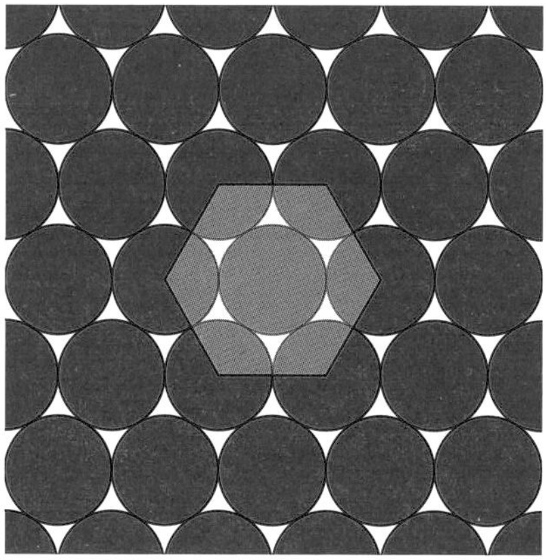
[그림2]

그렇다면 직사각형 안에 원을 넣을 때도 마찬가지일까? 라그랑주의 증명은 무한한 평면일 때 그렇다는 것이고, 직사각형과 같이 크기가 한정되면 전혀 다른 문제가 된다. 아래와 같이 불규칙적인 배열이 더 효율적일 수도 있다.

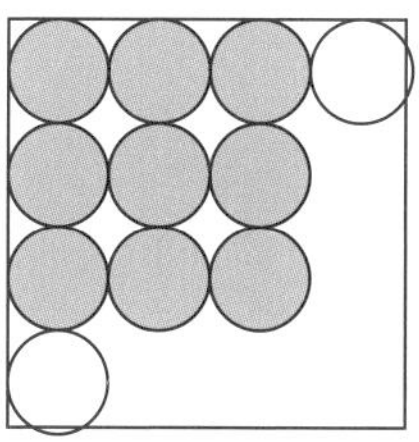
<방법 1> 9개

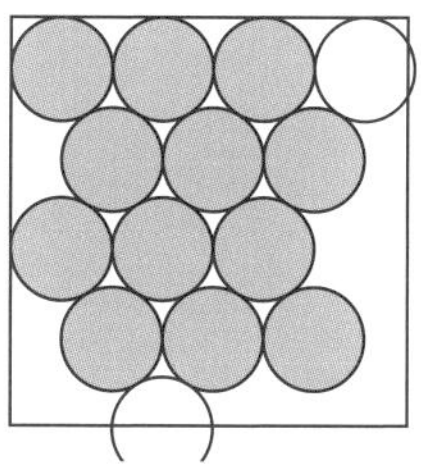
<방법 2> 12개

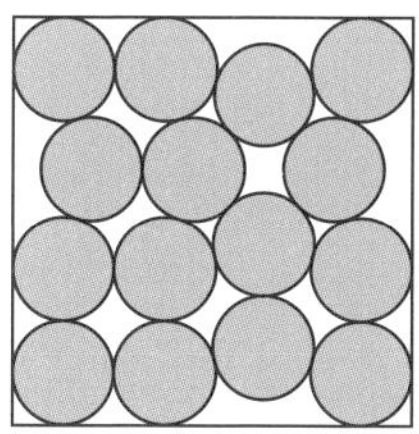
<방법 3> 15개

수학속으로 1 직사각형 안에 크기가 같은 원을 어떻게 넣을까?

인정전 앞 마당에서는 최대 몇 명 정도의 사람들이 시험을 볼 수 있었을까? 시험을 볼 수 있는 곳은 넓이가 22(m)×30(m)인 직사각형이고, 수험생들은 일정한 거리를 두고 앉아 시험을 본다고 가정하여 아래 두 가지 방법 중 더 많은 사람이 시험을 볼 수 있는 방법을 찾아보자. (단, 마당 경계선으로부터의 거리는 최소 1(m), 옆 사람과의 간격은 최소 2(m)로 한다.)

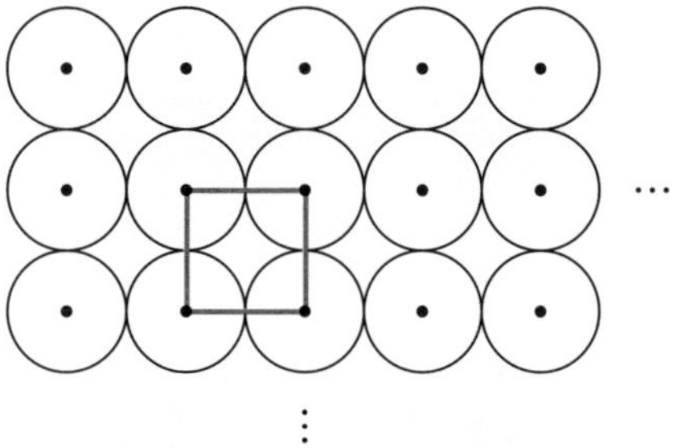

<방법 1>

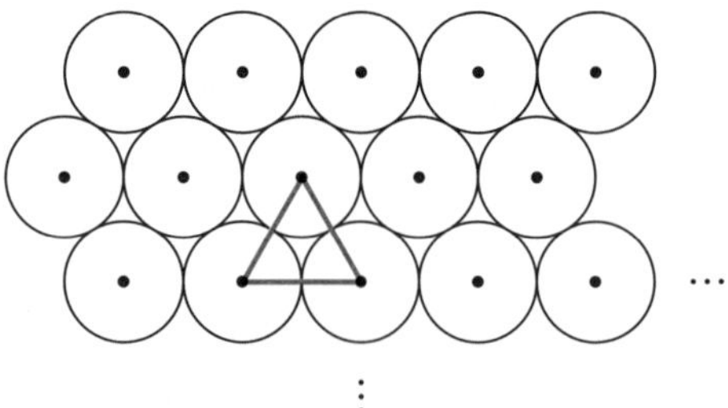

<방법 2>

<방법 1>은 이웃하는 4개의 원의 중심을 이었을 때 정사각형이 되도록 넣는 원을 나열하는 방법이다. 원의 지름이 2(m)이므로 가로 방향으로 최대 $\frac{22}{2}=11$개, 세로 방향으로 최대 $\frac{30}{2}=15$개의 원이 외접하도록 넣을 수 있으므로, 최대 11(개)×15(줄)=165(개)를 넣을 수 있다.

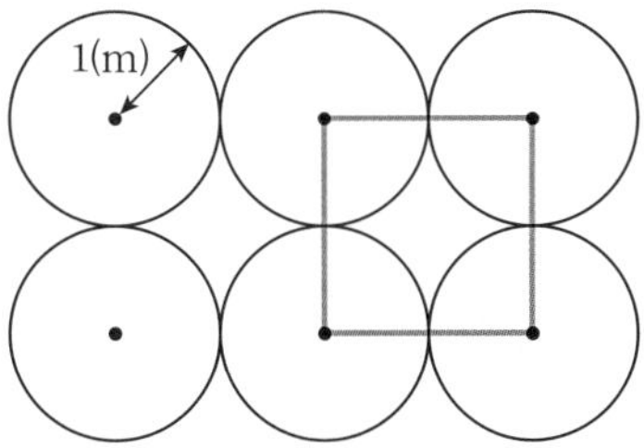

<방법 1>

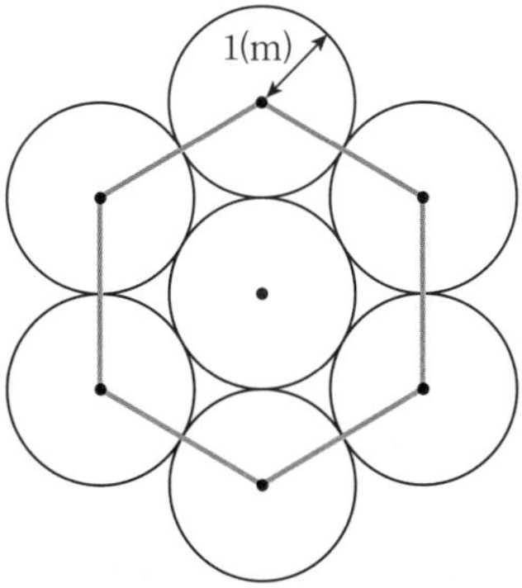

<방법 2>

<방법 2>는 어떨까? 첫 가로줄에는 <방법 1>과 똑같이 원 11개를 넣을 수 있다. 하지만, 두 번째 가로줄에는 10개밖에 넣을 수 없다. 대신 원과 원 사이의 빈틈은 줄어든다. <방법 1>과 같이 원을 배열하면 이웃하는 두 줄의 간격을 의미하는 선분 AB의 길이는 2(m)이고, <방법 2>에서는 정삼각형의 높이인 $\sqrt{3}$(m)이다. $\sqrt{3}<2$으로 <방법 2>로 배열할 때 줄 사이의 간격이 줄어든다.

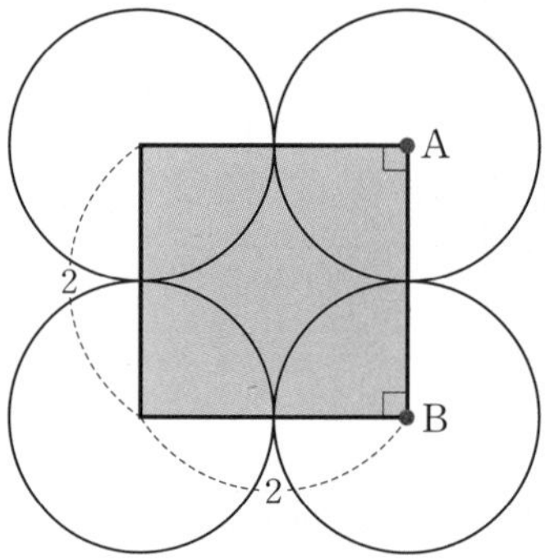

<방법 1>

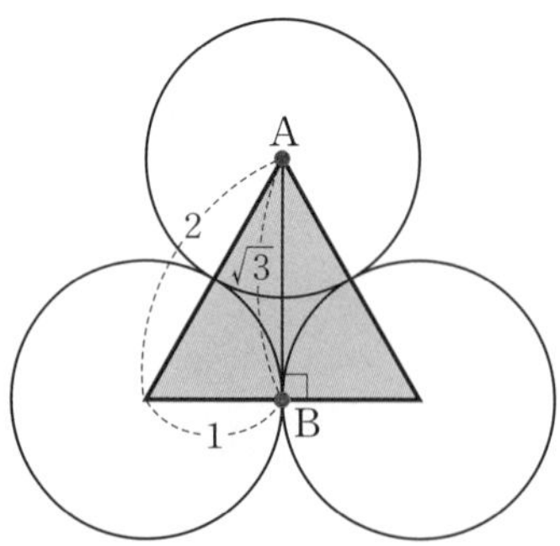

<방법 2>

이 점이 중요하다. <방법 2>로 <방법 1>과 똑같이 15줄을 넣는다면 <방법 1>보다 7개가 덜 들어간다. 하지만 선분 AB의 길이가 더 짧으니 몇 줄 더 넣을 수 있다. <방법 2>로 17줄을 넣으면 $2+\sqrt{3}\times16\fallingdotseq29.7(\mathrm{m})<30(\mathrm{m})$다. 약간 공간이 남는다. 홀수 번째 줄에는 11개, 짝수 번째 줄에는 10개의 원을 배열할 수 있으므로 원의 개수는 아래와 같다.

$$11(\text{개})\times9(\text{줄})+10(\text{개})\times8(\text{줄})=179(\text{개})$$

<방법 1>로 앉힐 때는 시험을 볼 수 있는 최대 인원은 $165(\text{명})\times2=330(\text{명})$이다. <방법 2>의 경우에는 최대 $179(\text{명})\times2=358(\text{명})$을 앉힐 수 있다.

당시 어떤 대형으로 앉아 시험을 치렀는지 알 수는 없지만, 그래도 좋은 자리가 있었는지 자리다툼이 치열했다고 한다. 시험이 시작되기도 전에 좋은 자리를 차지하기 위해 일찍부터 줄을 서기도 하고 양반들은 노비를 시켜 대신 줄을 세우기도 했다고 한다.

해시계 앙부일구가 가리키는 시각

창덕궁 후원에
들다

인정전을 나와 왕의 침전이었다가 집무실로 사용되던 희정당, 왕비의 침전으로 사용되던 대조전, 세자가 공부하던 성정각과 관물헌 등을 바삐 훑어보며 후원 입구로 향한다. 자유관람이긴 해도 입장 시각은 정해져 있다.

사람들과 무리지어 후원 일대 입구를 통과하자 바로 오르막에 접어든다. 여기부터 궁궐 지킴이의 친절한 설명이 이어지지만 사람들은 이미 고운 자태를 드러낸 단풍과 그 사이사

성정각. 세자가 공부하던 곳이다.

이로 보이는 파랗게 높은 하늘에 눈과 마음을 빼앗겨 버렸다. 설명은 듣는 둥 마는 둥 사진 찍기에 여념이 없다.

연못에 발을 담그고 있는 정자, 부용정

오르막이 끝나고 숲길을 내려오자 눈앞으로 자그맣고 둥근 섬이 한가운데 있는 직사각형 모양의 연못 부용지, 언덕 위로 위풍당당한 주합루, 그 옆으로 책의 향기라는 뜻의 서향각, 그리고 부용지에 비친 하늘, 이 모든 것들이 단풍과 이루는 풍광이 펼쳐진다. “와!” 하는 탄성이 들려온다. 이제 막 아침 공기를 뚫고 온기가 퍼지기 시작한 가을 햇살에 붉은빛이 더 따뜻하게 느껴진다고나 할까. 단풍과 건물을 떠받치는 나무 기둥의 서로 다른 붉은 색깔이 이리 잘 어울렸었나. 그러고 보니 나무 기둥도 가을에는 단풍이 드나보다.

부용은 연꽃이라는 뜻으로 이 일대는 원래 왕의 휴식 공간이었는데, 정조 때 주합루를 지어 도서관과 연구 공간으로 신하들에게도 개방했다고 한다. 언덕 위 2층 건물인 주합루와 그곳을 드나들 때 통과했던 어수문, 그리고 이 모든 것이 대칭을 이루며 연못에 비치고 있다.

언덕 맞은편에는 자그마한 정자, 부용정이 있다. 발을 연못에 담그고 앉아 있는 모습이랄까. 부용정을 떠받치는 돌기둥 두 개가 떡하니 연못 속에 박혀 있고 정자 한쪽이 연못 위로 툭 튀어나온 모양새인데, 자세히 살피니 연못 쪽 바닥 높이가 약간 더 높다. 저곳 마루 끝에 걸터앉아 있으면 물 위에 떠 있

부용정. 마치 발을 연못에 담그고 앉아 있는 모습처럼 보인다.

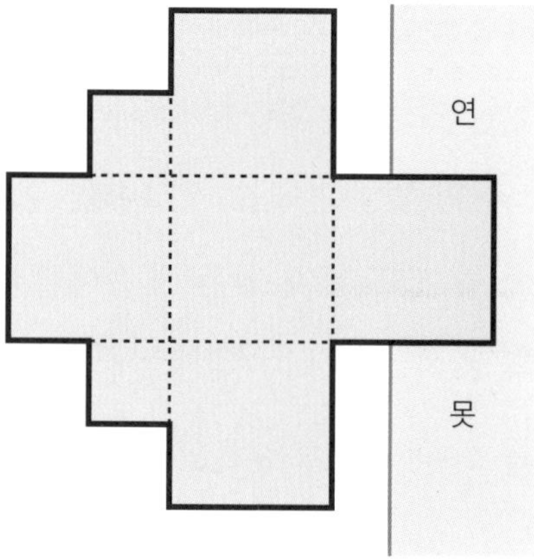

부용정 평면도.

는 느낌이 들 것 같다. 부용정에 앉아 바라보는 풍광은 어느 시절, 어느 쪽이건 멋지지 않을까?

부용정은 그 모양부터 참 독특하다. 바닥이 16각형이다. 합동인 정사각형 5개를 열십자(十) 모양으로 배치한 후, 위 그림과 같이 변의 중점을 잡아 만든 작은 정사각형 2개를 한쪽으로 붙인 모양이다. 바닥 모양이 복잡하니 덩달아 지붕도 들쭉날쭉 경쾌하다. 정자 바깥쪽으로 한 바퀴 돌며 쪽마루를 설치해 주변을 둘러볼 수 있게 했다. 연못 한 번, 부용정 한 번 바라보니 꽤 어울린다는 생각이 든다. 직사각형 모양 연못 가장자리 바닥이 직사각형 모양의 정자였다면 지금처럼 입체적인 느낌이 날까? 좀 심심하지 않았을까 싶다. 부용정 근처에서 큰 카메라와 삼각대로 이 멋진 가을 풍광을 사진에 담으려는 사

부용지 가장자리 돌에 새겨진 물고기 한 마리.

람들의 열정 어린 몸짓이 끝날 줄 모르고 이어지고 있다.

부용정에는 들어갈 수 없으니 아쉬우나마 영화당 앞에 신발을 가지런히 벗어 놓고 적당한 곳에 자리 잡고 앉아 일대 풍광을 느긋하게 즐기기로 한다. 연못도 보이고 주합루와 어수문도 보이고 부용정도 눈에 들어온다. 바람도 산들 불고 햇빛도 따사롭다. 한동안 멍하니 아무 생각 없이 있다 보니 마냥 좋다. 이렇게 있기만 해도 휴식이 되는 것 같은데, 당시 왕들도 그랬겠지. 경치가 좋아서일까? 왕의 휴식 공간이면서 임금이 주최하는 연회나 각종 행사를 여는 장소로도 활용했다고 한다. 앞면 5칸, 옆면 3칸으로 규모는 좀 작지만 월대 위에 세워 품위가 있어 보인다.

연못 반대쪽을 보니 꽤 너른 공간이 있는데 그 너머는 창경궁이다. 이 마당에 지금은 휴게 시설이 있지만, 왕과 신하들이 연회를 열거나 활을 쏘는 장소로, 또 임금이 보는 앞에서 치르는 최종 과거 장소로도 쓰였다고 한다.

조선 시대 해시계,
앙부일구

영화당 앞쪽에는 해시계 앙부일구가 놓여 있다. 휴식할 때도 시간은 잘 지키라는 뜻일까? 왕비가 살던 대조전 앞에도 있었는데 여기서도 보니 이번에는 시각을 알아내고 싶어졌다. 해가 꽤 높이 솟고 햇살이 막 퍼지니 앙부일구의 오목한 면 안쪽으로 시침의 그림자가 또렷이 생기기 시작한다.

앙부일구는 그림자로 시각과 계절을 모두 알 수 있는 우리나라의 해시계로, 1434년(세종 16년)에 처음 제작되어 조선 시대에 실제로 사용되었던 시계다. 장영실, 이천 등의 과학자들이 만들었다는데, 초기의 앙부일구는 사라졌고 18세기 즈

음에 만들어진 것이 남아 보물로 지정되었다. 영화당 앞에 있는 앙부일구는 당연히 모형이다.

먼저 생긴 모양부터 살펴보자. 전체적으로는 구를 반으로 자른 반구 모양인데, 오목한 면은 천구(천체의 움직임을 이해하기 위해 지구 위의 관측자를 중심으로 하고 반지름이 무한대인 구면을 생각하여, 이 구면 위에 모든 천체의 위치와 움직임을 일대일로 투영시켜 나타내는 가상의 구)의 안쪽이다.

영화당. 임금이 몸소 군대를 사열하던 곳으로 영화당 앞쪽에 '앙부일구'가 놓여 있다.

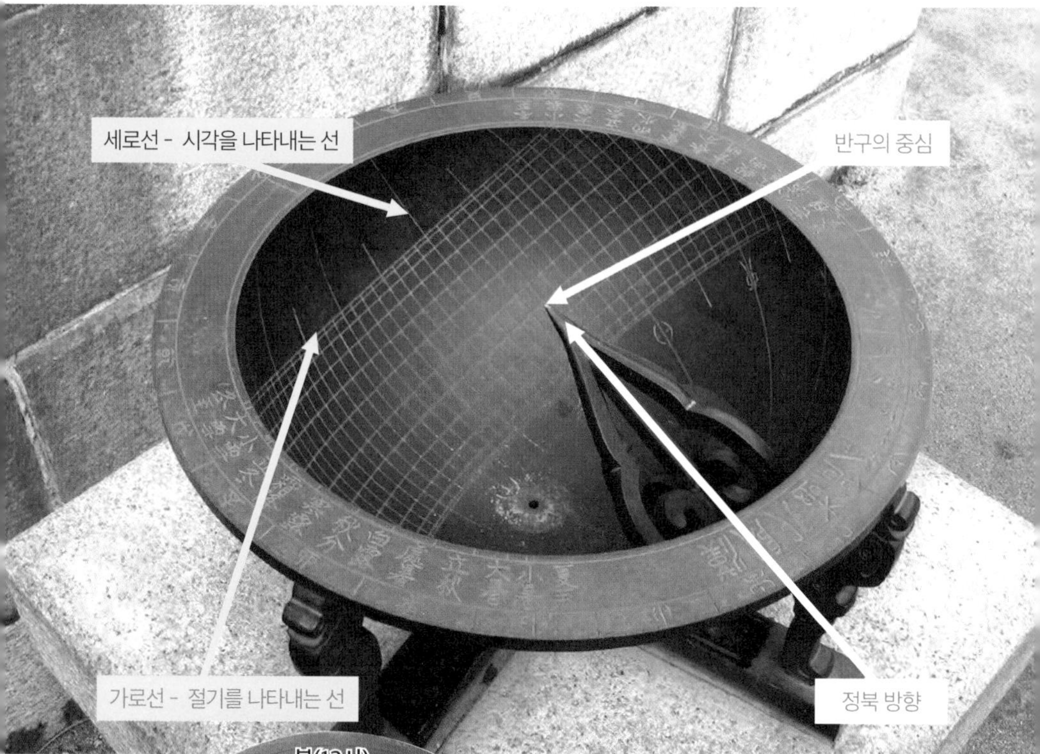
세로선 - 시각을 나타내는 선
반구의 중심
가로선 - 절기를 나타내는 선
정북 방향

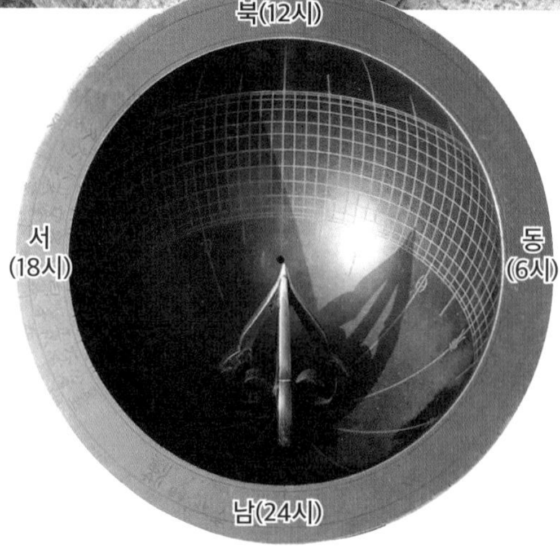
북(12시)
서
(18시)
동
(6시)
남(24시)

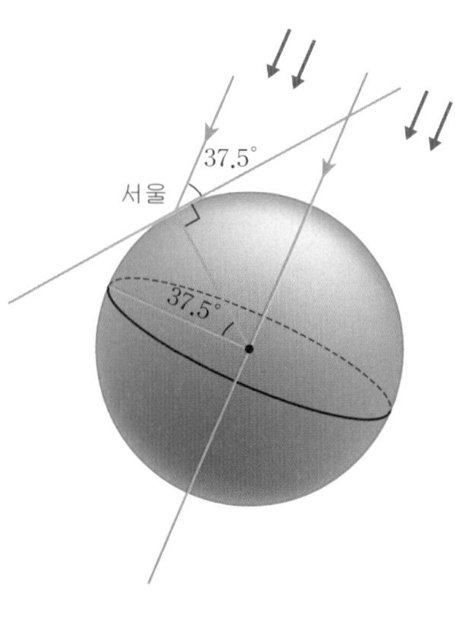
37.5°
서울
37.5°

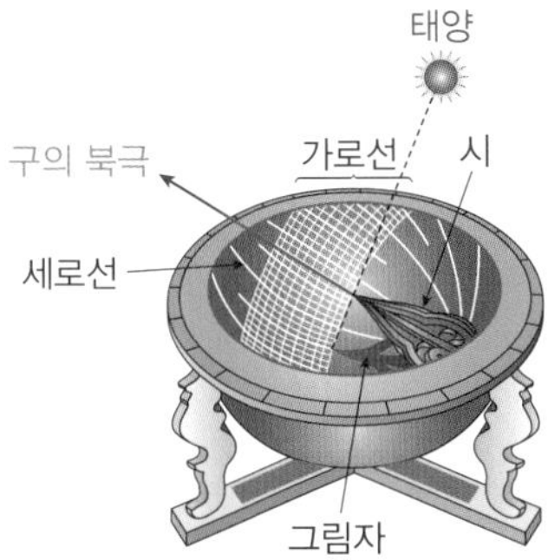

앙부일구

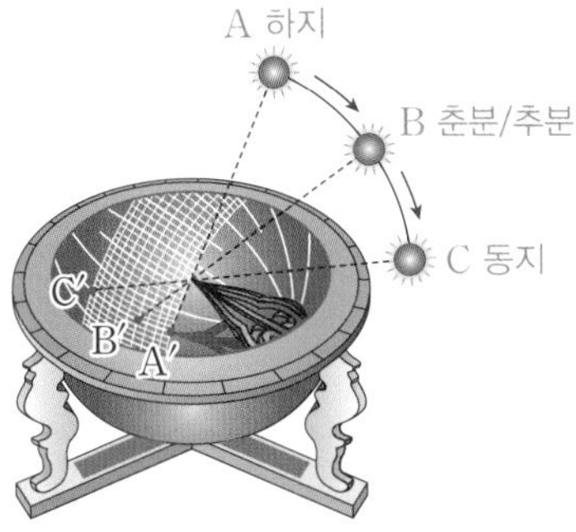

앙부일구의 원리

여름철에서 겨울철이 되면서 그림자 길이는 점점 길어져 A→B→C로 움직인다.

그 안쪽 면에 비스듬하게 시침이 꽂혀 있는데, 그 끝은 반구의 중심이며 정북 방향을 가리킨다. 앙부일구는 이 시침이 반드시 정북 방향을 가리키도록 놓고 사용해야 하며 따라서 시침이 지면과 이루는 각의 크기는 약 37.5°로, 서울의 위도와 같다.

안쪽 면에는 선들이 그어져 있다. 시침과 같은 방향(남북 방향)으로 그어진 선은 시각, 그 선과 수직인 방향(동서 방향)으로 그어진 선은 절기를 나타낸다. 반구의 바깥쪽 턱 양쪽에는 한문으로 24절기가 쓰여 있다. 아래쪽으로는 홈이 파인 + 모양의 막대기가 반구를 받치고 있는데, 이 홈에 물을 넣어 수평을 맞추도록 되어 있다. 비가 왔을 때 반구 안쪽으로 물이 고이는 것을 방지하기 위해, 아래쪽에 작은 구멍도 뚫려 있다.

남북 방향으로 그어진 긴 세로선은 시침의 끝을 중심으로

15° 간격으로 자른 선으로 그 사이는 1시간을 나타낸다. 모든 천체는 24시간에 천구를 한바퀴, 즉 360° 도는 것처럼 보이므로 1시간에는 $\frac{360}{24}=15$, 즉 15°씩 도는 것처럼 보이기 때문이다. 따라서 긴 선 사이에 그어진 짧은 선의 간격은 일각(약 15분)을 나타낸다.

한편 동서 방향으로 그어진 가로선은 태양이 시침에 비쳤을 때 반구 안쪽으로 생기는 그림자가 하루 동안 움직인 점들을 이은 선으로 천구에서 태양이 지나가는 길, 황도이다. 앙부일구에 태양이 비치면 반구의 안쪽에 시침의 그림자가 생기는데, 오전에는 태양이 동쪽에 있으므로 그림자는 서쪽에, 오후에는 태양이 서쪽에 있으므로 그림자는 동쪽에 생긴다. 하루 동안 시침의 끝이 움직이는 점들을 이으면 이 선은 태양의 움직임과 점대칭이 되는 점들을 잇는 선이 된다.

태양의 고도가 가장 높은 하지 때는 그림자의 길이가 짧으므로 시침과 가장 가까운 곡선(하지夏至라고 쓰인 곡선)을 따라 그림자의 끝이 움직이고, 태양의 고도가 가장 낮은 동지에는 그림자의 길이가 길므로 시침과 가장 먼 곡선(동지冬至라고 쓰인 곡선)을 따라 그림자의 끝이 움직인다. 동지부터 하지까지는 거꾸로 반복되니 선이 13개만 필요하다. 이 선을 보고

동지일 때,
시침의 그림자의 길이는 가장 길다.

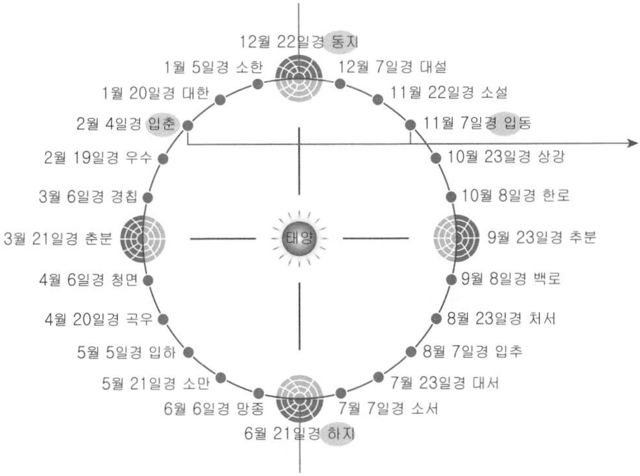

입동과 입춘 일 때, 시침의 그림자의 길이는 같다.

하지일 때,
시침의 그림자의 길이는 가장 짧다.

절기를 알 수 있어 달력 역할도 한다.

앙부일구가 가리키는 시각 알아내기

이제 앙부일구가 가리키는 시각을 읽어 보자. 먼저 시침이 정북 방향을 가리키므로 사진과 같이 시침이 가리키는 방향과 같은 방향을 보면서 선다. 내 그림자가 앙부일구에 드리우지 않게 조금 떨어져 서야 한다. 이제 시침의 그림자 끝이 가리키는 곳을 살핀다.

그럼 앙부일구는 지금 몇 시를 가리키고 있을까? 시침의 그림자를 보면 남북 방향으로 그어진 선이 대략 11시 47분, 동서 방향으로 그어진 선은 입동 근처를 가리키고 있다. 지금 시각은 11시 47분이고 대략 11월 8일경이 다 되었다는 의미이다. 사진을 찍을 당시가 11월 초니까 절기는 얼추 맞는데, 시각은 좀 이상하다. 스마트폰으로 확인해 보니 12시가 넘었다. 어? 왜 시각이 다르지? 스마트폰이야 틀릴 리 없을 테고, 이 앙부일구가 엉터리인가?

결론부터 말하면 그렇지 않다. 앙부일구는 태양의 움직임으로 시각을 알 수 있는 해시계이고, 우리들이 사용하는 시계는 평균 태양시를 나타내기 때문에 생기는 차이에서 비롯된 일이다.

우리들은 하루를 24시간(평균 태양시)으로 정하고 있다. 이는 천구에서 태양이 원운동을 하며, 지구의 자전축이 지구가 공전하는 면과 수직인 상태라고 가정하여 태양의 움직임을 평균적으로 계산한 값을 기준으로 한다. 평균 태양시는 인간

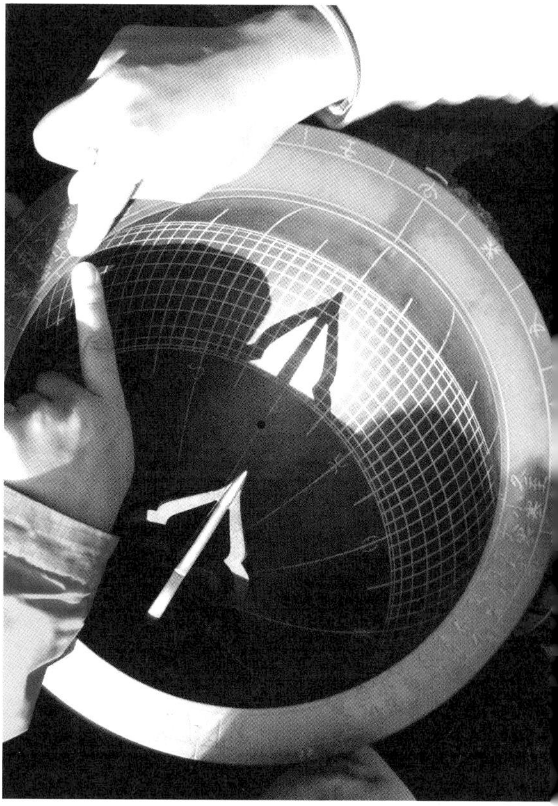

앙부일구에 비친 그림자로 절기와
시각을 알 수 있다.

의 편리에 의해 약속한 시간으로 태양의 실제 움직임에 따른 시각(진태양시)과 약간 차이가 있다. 실제로 태양의 움직임에 따르면 태양이 남중(천구의 남극과 북극을 잇는 대원, 자오선을 통과할 때)한 후 다음 날 다시 남중할 때까지의 시간은 언제나 24시간이 아니다. 24시간보다 긴 날도 있고, 짧은 날도 있다. 가장 긴 날과 가장 짧은 날의 차이가 대략 30분 정도나 된다.

앙부일구는 해시계이므로 해의 움직임에 따른 시각의 변화(진태양시)를 알 수 있는 시계이다. 따라서 우리들이 사용하는 시계(평균 태양시)와 당연히 차이가 난다. 이 차이를 균시차라 하는데 다음과 같이 구한다.

(균시차)＝(진태양시)－(평균 태양시)

균시차가 생기는 이유는 두 가지이다.

(1) 자전축이 기울어졌기 때문이다. 지구의 공전 궤도면과 지구의 자전축은 수직이 아니다. 따라서 황도상에서 태양의

움직임이 일정하더라도 천구의 적도에 투영된 태양의 운동은 일정하지 않게 된다. 하지와 동지일 때는 황도(태양이 움직이는 궤도)가 적도에 대해 최대로 기울어 있기 때문에(약 23.5도), 황도와 적도가 평행한 춘분과 추분보다 해시계 그림자의 각속도(시간 당 각의 변화량)가 더 빠르다.

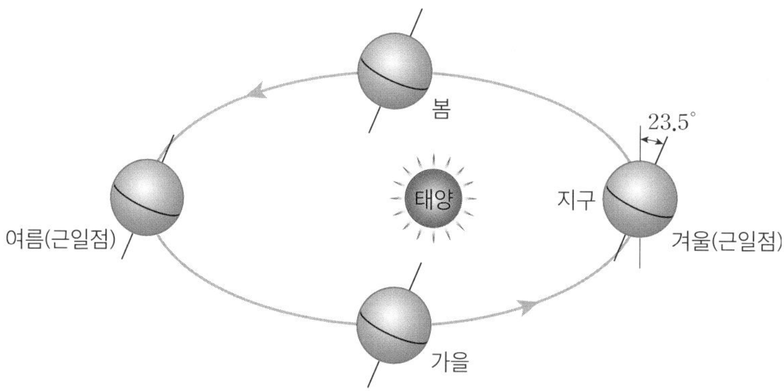

(2) 지구의 공전 궤도가 타원이기 때문이다. 케플러의 제2 법칙에 의해 공전 속도는 태양에 가까울수록 빠르다.

지구는 근일점(태양과 지구가 가장 가까울 때, 아래 그림의 점 A)에서 공전 속도가 30.287 km/s로 원일점(태양과 지구가 가장 멀 때, 그림의 점 B)에서의 29.291 km/s보다 빠르다. 이것이 누적되어 균시차에 영향을 미친다.

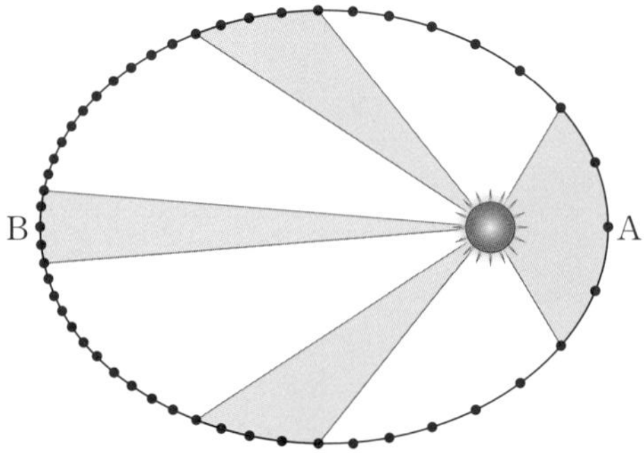

여기에 한 가지 더, 세계적으로 사용하고 있는 시간선까지 고려해야 한다. 우리나라는 우리나라보다 동쪽에 있는 일본의 도쿄를 지나는 시간선을 기준으로 삼고 있다. 때문에 대략 32분 정도 더 차이가 난다. 따라서 앙부일구와 우리가 사용하는 시계 사이에는 보정표가 필요한데, 균시차와 함께 시간선에 의한 32분의 차이까지 계산한 보정표가 필요하다.

보정표를 이용하여 현재의 시각을 구하면 아래와 같다.

(1) 앙부일구가 가리키는 시각 : 11시 47분

(2) 보정해야 할 시간 : 14분

(3) 현재 시각(평균 태양시) : 12시 1분

신기하다 싶을 정도로 딱 맞는다. 이제 이 보정표만 있으면

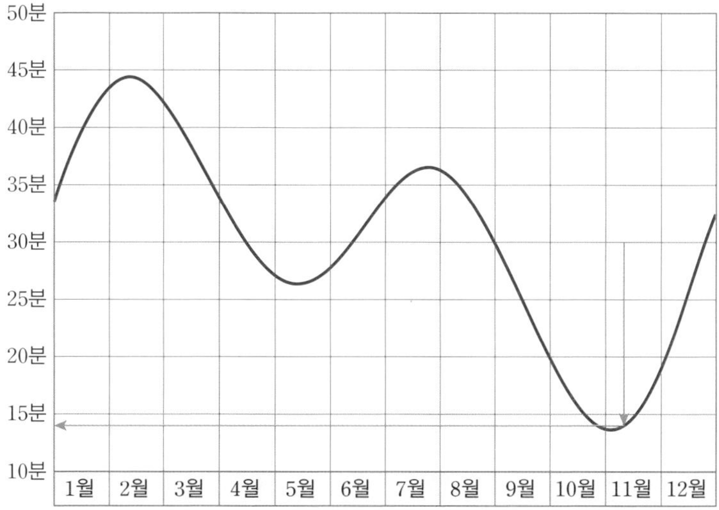

보정표 (계절에 따라 더해주어야 할 시간을 그린 그래프)

앙부일구가 가리키는 시각을 보고 현재 시각을 알 수 있다. 1400년대에 태양과 지구의 관계를 정확하게 이해하고 계산하여 반구 안에 시침을 꽂아 시침의 그림자 끝으로 시각을 읽을 수 있도록 한 해시계를 만들었다니, 세계 어느 곳에 내어 놓아도 찬사를 받을 만한 우리 조상들의 발명품이라 할 만하다.

수학속으로 2 앙부일구로 시각과 절기를 어떻게 알았을까?

영화당 앞에는 앙부일구가 있다. 해가 비쳐 시침의 그림자가 생길 때 앙부일구가 가리키는 시각과 절기를 알아보고, 보정하여 현재의 시각을 구한 후 맞는지 확인해 보자.

아래 사진은 영화당 앞에 있는 앙부일구를 찍은 사진이다. 이 사진만 보고 사진을 찍을 당시의 시각과 대략적인 날짜를 알 수 있다.

먼저 아래쪽에서 세 번째 줄 근처에 시침 끝의 그림자가 생겼으므로 대서(7월 22일경)이거나 소만(5월 22일경)임을 알 수 있다. 대서와 소만일 때 시침의 그림자의 길이는 같아서 같은 절기선을 따라 움직이기 때문이다. 절기는 양력으로 매월 4~6일경에 1번, 21~23일경에 1번 있다. 매월 2번씩 24절기가 있다. 각 월에 어떤 절기가 있는지는 달력을 보면 알 수 있다.

이제 앙부일구가 가리키는 시각을 알아보자.

한가운데를 가로지르는 세로선이 10시를 가리키므로 이 사진 속 그림자는 10시를 가리키고 있다. 이제 보정표를 이용하여 사진을 찍은 시각을 알 수 있다. 만약 7월 22일 경이라면 이 사진을 찍은 시각은 ＋37분을 보정하여 약 10시 37분이고, 5월 22일 경이라면 ＋27분을 보정하여 약 10시 27분이라는 것을 알 수 있다.

삼백 척이나 하얗게 흩날리는 폭포

사대부 집 같은 분위기를 풍기는 연경당

부용지를 뒤로하고 숲길로 발길을 재촉한다. 돌로 만들어진 불로문을 지나 애련정이 있는 연못, 애련지를 끼고 단풍길을 걸으면 단청을 하지 않아 사대부 집과 같은 분위기를 풍기는 연경당이 나온다.

따스한 햇살을 받은 연경당의 대문, 장락문이 반긴다. 장락문을 들어서면 또 문이 나오는데, 사랑 마당으로 연결되는 장양문과 안마당으로 연결되는 수인문이 그것이다. 문을 들어

불로문을 통과하여 오른쪽으로 애련지(연못)와 애련정(정자)을 보며 앞으로 보이는 문을 통과하면 연경당으로 갈 수 있다.

수인문은 여자, 장양문은 남자가 드나드는 문이었다.

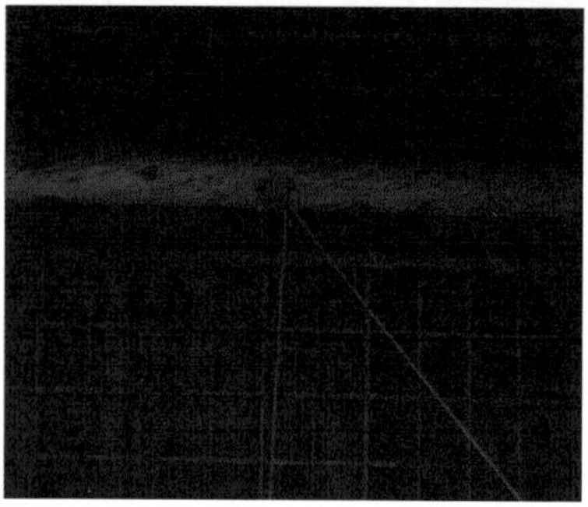

선향재 문에 달린 도르레는 힘의 방향을 바꾸는 장치인데, 보는 사람마다 줄을 당기는 통에 어쩔 수 없이 도르레 옆에 줄을 끼워 놓았다.

선향재. 서재로 쓰던 건물이다.

서니 조용하고 한적하니 궁이라기보다 가정집 느낌이 난다. 사람들이 여기저기 삼삼오오 툇마루에 앉아 햇볕을 즐기는 중이다.

연경당에서는 특별히 서재로 쓰였다는 선향재라는 중국풍 건물이 눈에 띈다. 당시 유행하던 붉은빛 도는 벽돌이 사용되었고 건물 앞쪽으로 햇볕을 막는 구조물을 덧붙인 것이 특이하다. 이 건물이 서향이기 때문에 햇빛을 막고자 함이다. 그 구조물 위쪽으로는 빛을 가릴 수 있는 문들이 달려 있는데, 문고리마다 줄을 매어 기둥에 묶어 놓은 것이 보인다. 그 줄을 따라가니 위쪽 기둥에 도르레 비슷한 장치가 보인다. '아하!'이 줄을 풀었다 당겼다 하면 햇빛을 가리는 문을 통째로 올렸다 내렸다 할 수 있겠구나. 위쪽 기둥의 도르레는 고정된 도르레로, 문을 움직일 때 드는 힘의 크기를 줄이는 것이 아니라 방향을 바꾸어 차양 역할을 하는 문을 좀 더 쉽게 움직일 수 있도록 했다는 사실을 짐작할 수 있다.

다양한 형태의 정자들

팔자[八] 모양으로 놓인 돌.

선향재 바로 옆 작은 정자, 농수정을 끼고 숲길로 나오면 폄우사가 있다. 그 앞에 왕자가 어렸을 때 양반걸음을 가르쳤다는 팔자[八] 모양으로 놓인 돌이 보인다. 이 이야기를 들은 사람이면 누구나 재미 삼아 놓인 돌을 따라 걸어 보는데, 발 모양도 그렇지만 돌과 돌 사이의 거리가 꽤 멀어 보폭을 맞추며 걷는 것이 쉽지 않다. 돌을 제대로 밟으며 걸으려면 저절로 배를 약간 내밀면서 성큼성큼 걷게 되는데, 그 모양새가 좀 우스꽝스럽다 보니 보는 사람도 걷는 사람도 웃음이 떠날 줄 모른다.

이 일대는 존덕정, 청심정, 관람정, 승재정 등 여러 정자와 연못이 있다. 그중 큰 은행나무를 배경으로 서 있는 존덕정이 가장 화려한데, 바닥도 지붕도 모두 육각형 모양이면서 이중으로 되어 있다. 지붕이 꼭 두 겹으로 쌓은 떡 같다. 안쪽으로 여섯 개의 기둥이 있고 다시 바깥쪽에도 여섯 개의 기둥이 있는데, 그 옆으로 기둥이 두 개씩 더 있어 독특해 보인다.

안쪽에는 정조가 쓴 '만천명월주인옹자서'라는 글이 걸려

존덕정. 존덕정에는 정조가 쓴 글이 걸려 있다.

있는데, 냇물은 만 개여도 거기에 비치는 달은 하나인 것처럼 임금, 즉 정조 자신은 만백성의 주인이라는 뜻이라고 한다. 자신이 만났던 사람들을 분류하고 그들을 어찌 대했는지를 적은 것이라는데, 거참 마음속으로 생각하면 될 것을 굳이 적어 걸기까지 했을까. 참으로 글자도 빽빽하다. 웬만한 사람들 유형은 모두 저 속에 있을 것 같다. 적힌 글을 올려다보고 있자니 정조가 보기에 우리들은 어떤 사람에 속할까. 슬쩍 궁금해지면서도 상대방을 괜히 무안하게 만드는, 정조란 사람. 가까이하기엔 너무 어려운 사람은 아니었을까 하는 생각이 스친다.

더 특이한 정자는 연못 옆 관람정인데, 바닥이 큰 부채꼴에서 작은 부채꼴을 뺀 모양을 하고 있다. 지붕 모양도 바닥과 같고 심지어 기와는 부챗살처럼 펴진 모양으로 얹혀 있다. 한반도 모양으로 보이는 연못도 그러려니와 이렇게 특이한 모양의 정자를 여기 아니면 어디서 볼 수 있을까.

관람정 바닥의 모양을 어떻게 그렸을까? 분명히 부채꼴을 그렸을 테니 그 중심이 어디인지 찾고 싶어졌다. 방법은 생각보다 간단하다. 관람정에는 모두 여섯 개의 기둥이 있는데 [그림 1]과 같이 먼저 A 방향으로 보아 기둥 1, 2가 하나로 보이는 선 위에 선다. 그리고 몸은 A 방향을 향하면서 고개(혹

관람정. 창덕궁 후원의 연못인 반도지에 있는 정자로, 부채꼴의 기와지붕을 올린 굴도리집이다.

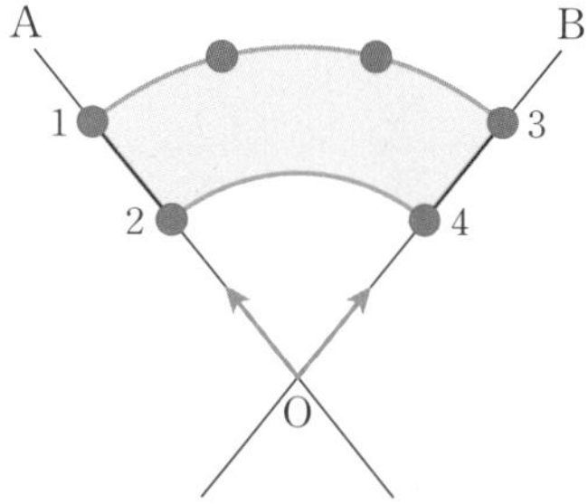

관람정에서 부채꼴의 중심을 찾아보자.

은 한쪽 팔을 들어)만 돌려 B 방향을 보아 기둥 3,4가 하나로 보이는 지점을 찾아 선다. 그 점 O가 바로 찾는 점이다. 이제 이 점 O를 중심으로 반지름이 다른 부채꼴 두 개를 그리면 관덕정 바닥 모양을 그릴 수 있다. 부채꼴의 중심각은 대략 90°

측정 결과, 관람정 바닥 모양인 부채꼴의 중심은 댓돌 중간 정도 되는 곳(위 사진의 노란색 점으로 표시한 곳)이다. 이곳에 서서 양쪽으로 번갈아 기둥을 보면 기둥이 하나로 보인다.

정도로 보인다. 이 점 O는 돌계단 근처에 있으니 넘어지지 않게 조심히 찾아보자.

옥류천과 소요암에 새겨진 시

정자와 연못에서 한숨 돌렸으니 이제 가장 깊숙한 옥류천 일대로 향한다. 작은 언덕을 넘어야 한다. 단풍과 푸른색이

옥류천으로 향하는 관람객들.

어우러져 한껏 아름다움을 뽐내는 길을 따라 구불구불 오르막을 오르는 사람들의 뒷모습이 스르르 꼬리를 감출 때까지 바라본다. 단풍 속으로, 가을 속으로 녹아들고 있다.

꽤 걸어 숨이 좀 차다 싶을 때 옥류천 일대에 다다른다. 여기도 단풍이 한창이다. 이곳에도 취한정, 소요정, 태극정, 청의정, 농산정 등 여러 정자가 모여 있다. 특히 앙증맞은 논을 끼고 있는 청의정은 볏짚으로 지붕을 이었는데, 이 논에서 임금이 직접 농사를 지었다고 한다. 볏짚 지붕에 단청이라 뭔가 어색해 보이지만, 가장 중요했던 벼농사가 어찌 되어 가는지 간접적으로나마 알 수는 있었으리라.

이곳에서 가장 눈에 띄는 건 옥류천과 소요암이다. 소요암은 꽤 큰 바위인데, 이곳에 홈을 파서 물길을 끌어들인 후 그 물이 한 바퀴 휘돌아 작은 폭포가 되어 떨어져 흐르도록 만들었다. 이곳에서 때때로 흐르는 물 위에 술잔을 띄우고 시를 짓기도 했다고 하니 조선판 안압지라고 해야 할지. 그나저나 파인 홈이 깊지도 넓지도 않은데다 물도 졸졸 흐르는 것이 술잔이 물 위로 떠갈 수 있을 것 같지는 않다. 그렇다고 실험해 볼 수도 없고 궁금증만 자아낸다. 아쉬운 마음에 해설사가 시연을 해 보이면 어떨까 하는 생각이 불현듯 뇌리를 스친다. 그러다가 소요암에 새겨진 시가 눈에 들어온다. 숙종이 지었다고 한다.

飛流三百尺 비류삼백척
搖落九天來 요락구천래
看是白虹起 간시백홍기
飜成萬壑雷 번성만학뢰

소요암에 새겨진 시.

폭포는 삼백 척인데, 멀리 하늘에서 내려오네.
보고 있자니 흰 무지개 일고, 골짜기마다 우레 소리 가득하네.

소요암 바로 앞 작은 정자, 소요정에 앉으면 정말 시처럼 느껴질까? 소요정 쪽에서 바위에 새겨진 시며, U자 모양으로 파인 홈을 따라 흐르는 물이며, 소요암에서 떨어지는 물줄기를 찬찬히 바라본다. 사람들이 내는 소음에 묻혀 졸졸 흐르는 물소리조차 잘 들리지 않는다. 소요암에서 떨어지는 가녀린

소요암과 소요암에서 떨어지는 물줄기.

물줄기를 삼백 척이나 되는 폭포라고 한 것도 그렇고, 물 떨어지는 소리를 천둥에 비유한 것도 그렇고, 귀여운 허풍이라고 해야 할지 풍류를 안다 해야 할지. 그래도 비온 후 물이 많을 때는 그럴듯한 안개에 물소리가 꽤 크다 하니, 숙종의 시가 영 허구는 아니리라 믿어 본다.

수학속으로 3 삼백 척은 얼마나 되는 길이일까?

소요암에 새겨진 숙종의 시 속에 삼백 척은 얼마나 되는 길이일까? 척(尺)은 길이의 단위인데, 조선 시대에는 조금씩 다르긴 했지만 대략 1척이 31.2cm 정도였다고 한다.

척은 중국에서 사용하던 길이의 단위로 고려, 조선 시대에도 널리 사용되었다. 우리나라 실정에 맞게 그 길이를 다시 정하기도 했는데, 보통 1척은 미터법으로 28~33cm 정도였다. 곧은 나무 혹은 금속으로 1척에 해당하는 길이의 막대를 만들어 사용했는데, 이 막대를 널리 보급하여 길이의 기준으로 삼았다.

이제 삼백 척이 어느 정도 되는 길이인지 미터로 바꾸어 나타내어 보자. $300 \times 31.2 = 9{,}360$이므로 300척은 대략 9,360 cm, 즉 93.6m 임을 알 수 있다. 숙종은 소요암에서 떨어지는 물줄기를 길이가 90m가 넘는 폭포에 비유한 셈이다.

이 정도 되는 폭포가 있을까? 우리나라에서는 설악산 대승 폭포의 높이가 대략 80m 정도라고 하는데, 그나마 비가 많이 와야 볼 수 있다고 한다. 미국과 캐나다가 공유하고 있는 나이아가라 폭포는 높이가 대략 52m, 브라질과 아르헨티아 접경에 있는 이구아수 폭포의 높이는 대략 70m, 잠비아와 짐바브웨 접경에 있는 빅토리아 폭포의 높이는 대략 108m라 하니, 높이로만 보면 거의 국제적인 규모의 폭포에 비유한 셈이다.

창덕궁의 가을은 여기까지다. 옥류천 일대를 되돌아 나오는 길의 햇살은 아침보다 더 따사롭다. 그래서 단풍도 더 곱구나. 높게 자란 나무 위 나뭇잎을 뚫고 눈부시게 내리쬐는 햇빛이 오늘은 참 따뜻하고 그래서 고맙다. 언덕 위 취규정에서 잠시 숨을 돌린다. 이제는 아까와 반대로 방향을 잡아 숲속 길을 천천히 돌아 입구 쪽으로 갈 예정이다. 조용하고 자연스러운 우리나라의 정원에서 조금 더 가을을 걷기 위해….

창덕궁을 빙 둘러싼 산책 길을 걷고 보니 힘들다기보다 오히려 상쾌하다. 공기 때문인가? 짧지만 도심 한복판에 있다는 생각이 들지 않았던 시간이었다. 북적대는 소리가 커지는 걸 보니 입구에 다 왔나보다. 그냥 지나쳤던 입구 쪽 구선원전 부근의 향나무며 규장각, 역대 임금의 초상화를 모셨던 구선원전 등 몇 개의 전각들을 살핀 후 돈화문을 나선다. 다시 복잡한 서울이다.